用空气炸锅
轻松学做**160**道创意美食

U0178888

李 萌 / 编著

山西出版传媒集团　山西人民出版社

图书在版编目（CIP）数据

用空气炸锅轻松学做 160 道创意美食 / 李萌编著 . --
太原 ：山西人民出版社，2023.4
ISBN 978-7-203-12663-8

Ⅰ．①用… Ⅱ．①李… Ⅲ．①油炸食品－食谱 Ⅳ.
① TS972.133

中国国家版本馆 CIP 数据核字（2023）第 042497 号

用空气炸锅轻松学做 160 道创意美食

编　　著 ：李　萌
责任编辑 ：李　鑫
复　　审 ：傅晓红
终　　审 ：贺　权
装帧设计 ：乔景香

出 版 者 ：山西出版传媒集团 · 山西人民出版社
地　　址 ：太原市建设南路 21 号
邮　　编 ：030012
发行营销 ：0351—4922220　4955996　4956039　4922127（传真）
天猫官网 ：https://sxrmcbs.tmall.com　电话 ：0351—4922159
E—mail ：sxskcb@163.com　发行部
　　　　　sxskcb@126.com　总编室
网　　址 ：www.sxskcb.com

经 销 者 ：山西出版传媒集团 · 山西人民出版社
承 印 厂 ：三河市双升印务有限公司

开　　本 ：710mm×1000mm　　1/16
印　　张 ：11.5
字　　数 ：130 千字
版　　次 ：2023 年 4 月　第 1 版
印　　次 ：2023 年 4 月　第 1 次印刷
书　　号 ：ISBN 978-7-203-12663-8
定　　价 ：59.80 元

如有印装质量问题请与本社联系调换

烤箱、破壁机、厨师机、面包机、原汁机、早餐机……越来越多精致又有趣的小家电成了厨房的常客。现在，空气炸锅的浪潮来了！而对于这种新式的家电，相信不少人已经在美食、家居、电器博主的推荐下购入了，或是在线下家电城销售的热情推荐下把它抱回了家。但空气炸锅作为一个看起来不那么"日常"的料理工具，在很多人看来买它就是图个新鲜，闲置率还是很高的。

为此，我们精心整理了 160 个美味又营养的菜谱，帮助各位买了空气炸锅的朋友做出美味的料理。

在翻开本书之前，我们要了解一些关于空气炸锅的小知识。

第一，空气炸锅并不是真正的油炸。空气炸锅是一种可以用空气将食材进行"油炸"的机器，主要原理是利用空气替代原本煎锅里的热油，让食物变熟，同时热空气还吹走了食物表层的水分，使食材达到近似油炸的效果。

第二，空气炸锅真的很方便。许多上班族的晚餐都是简单对付一口，想吃点像样的正餐，就要等到周末休息的时候，毕竟工作一天已经很疲惫了，根本没有体力和精力去做饭。但有了空气炸锅就不同了，食材放进去，只需要简单的调味，出来的时候就是一道道美味的佳肴。无论是鸡翅、排骨，还是甜品、果干，都能轻松驾驭。

第三，空气炸锅确实很便宜。空气炸锅虽然是厨房新贵，价格却远不如微波炉或烤箱刚流行的时候那么贵，两三百元就能轻松入手高性价比的空气炸锅了。而一般来说，两三百元的空气炸锅也足以满足 2~4 人的餐食，同时还会搭配定时调温、自动断电保护等功能，实在是懒人福音。

综上所述，希望本书能够对各位读者有所帮助，让我们在满足味蕾的同时，在厨艺的道路上日益精进。

空气炸锅怎么用

当我们有了空气炸锅后，对这个新奇的小电器一定充满了好奇。毕竟，宣称能做出各种美味，替代多种烹饪工具的新电器竟然只是一个小小的"锅"。

接下来，就让我们了解一下空气炸锅的使用方法：

首先，将空气炸锅的底座安装好，并把锅放在水平的桌面上，将要烹饪的食物放在炸篮中，之后将空气炸锅的炸篮关上。

然后，接通空气炸锅的电源，根据自己要制作的食物，把定时器以及温控器旋钮调整到适当位置。

在烹饪食物的整个过程，要将散热出气口朝向窗户或者散热比较好的地方，空气炸锅的后面和上面尽量不要放其他物品，避免引发危险。

当烹饪结束后，把炸篮中的食物取出，将炸篮放到一边晾凉。

等空气炸锅冷却之后，再进行清洗。可以用柔软的抹布先擦拭机身，然后再用水清洗容器，防护罩要用软布来擦拭，最后将空气炸锅放到安全的位置即可。

Tips 清洗注意事项

空气炸锅和炸篮上都有不粘涂层，为免刮损涂层，建议先用热水浸泡再用海绵清洗，切勿用钢丝球等硬质材料洗刷。

排风口和漩涡加热处长时间使用会藏匿油污，清洗时可先用海绵蘸水擦拭，再用刷子刷洗难清洗的部位，最后用纸巾擦拭干净。

空气炸锅都能做哪些美食

空气炸锅不仅可以做传统的油炸食品，还可以做蛋糕、比萨、牛排，各种点心与零食。总结起来，空气炸锅能做以下菜品：

1. 传统油炸类食品。用空气炸锅烹饪传统的油炸食品可谓得心应手，比如炸鸡腿、炸鸡翅、炸薯条、炸花生米，甚至可以将速冻饺子扔进去做煎饺。

2. 实现烤箱的部分功能。空气炸锅的制作原理和烤箱十分类似，因此制作纸杯蛋糕、蛋挞、饼干、烤红薯、烤面包等也不在话下，如果你的烘焙热情已经点满，去试试土司比萨、西多士、泡芙和芝士蛋糕也不错。

3. 制作蔬果干。把蔬菜、红薯、水果烘干当零食吃，比直接去买成品更放心，此时的空气炸锅相当于烘干机。

除此之外，本书还介绍了许多美味又新奇的菜品，期待你一起来探索。

空气炸锅的使用技巧

作为新型的厨房小电器，空气炸锅也有特殊的使用技巧。接下来，就让我们一起来看看它的使用技巧吧！

1. 选择合适的尺寸。一般来说，5 升左右的空气炸锅性价比最高，同时也不占地方，所以我们在此推荐 5 升左右的空气炸锅。

2. 裹面包糠的炸物如果表面不刷油的话，视觉效果不理想，但口感没问题。

3. 食物本身含油脂越多，炸出来的效果越好，同时滤出的油也越多。

4. 超市出售的速冻食品炸出来的效果很好，但应尽量避免购买包裹物为面包糠的食品，否则会出现焦煳的情况。

5. 食物本身没有油脂的，比如蔬菜，需要在食物表面薄薄刷一层油，炸的过程不会沾，而且口感也不错。

6. 炸制的时间和食材的量有很大的关系，要把握一个原则：多的话时间就长点，少的话时间就短些。

7. 可以先预热锅体，再将食物放入，或者直接在冷锅放入食物，炸制和预热同步。用第一种方法，可以更好地锁住肉里面的水分。

8. 记得"摇摇晃晃"。如果您正在烹制炸薯条或类似食物，则需要在烹饪过程中至少拉出一次炸篮，并充分摇晃。

9. 不要超载。请记住，空气炸锅类似于一个小烤箱，想要充分让食物受热，就不要让它们堆叠在一起。

目 录
contents

小试牛刀

低脂烤虾···················· 002

炸馒头片···················· 003

蜂蜜面包片·················· 004

花刀香肠···················· 005

香烤玉米···················· 006

极简炸薯条·················· 007

香甜烤红薯·················· 008

五香烤蛋···················· 009

焦糖奶茶···················· 010

营养又丰富的早餐

蛋黄流心培根吐司············ 012

彩虹芝士蔬菜卷·············· 014

肉松香肠卷·················· 016

低油抱蛋水饺················ 018

午餐肉烤方便面·············· 019

芝士火腿吐司卷·············· 020

蜂蜜西多士·················· 021

香酥午餐肉卷················ 022

酸奶爆浆吐司················ 023

低卡蛋奶吐司················ 024

培根芝士土豆饼·············· 025

烤牛奶······················ 026

土豆丝牛奶鸡蛋饼············ 027

五香鹌鹑蛋·················· 028

低卡又好吃的素食

五彩豆腐丸子················ 030

烤韭菜······················ 032

香菇莲藕丸子················ 033

素烤青瓜···················· 034

蒜香金针菇·················· 035

锡纸粉丝娃娃菜·············· 036

芹菜香干···················· 037

什锦茄子卷·················· 038

香辣四季豆·················· 039

香炸杏鲍菇·················· 040

烧烤平菇···················· 041

风味烤毛豆·················· 042

香辣土豆···················· 043

豆皮香菜卷·················· 044

素烤彩椒···················· 045

无油洋葱圈·················· 046

芝士烤蔬菜·················· 047

香菇鹌鹑蛋·················· 048

美极茄丁···················· 049

低脂烤菜花·················· 050

蒜香烤茄子·················· 051

烧烤大蒜···················· 052

炸包菜 …………………………… 053
低卡香辣豆腐 ……………………… 054
蜂蜜南瓜 …………………………… 055
嘎嘣脆锅巴 ………………………… 056

低脂又丰盛的肉食

蜜汁烤排骨 ………………………… 058
芝士土豆虾球 ……………………… 060
轰炸大鱿鱼 ………………………… 062
疯狂大鸡腿 ………………………… 064
芝士焗肠 …………………………… 066
鸡米花 ……………………………… 067
香烤鲍鱼 …………………………… 068
黑胡椒牛排 ………………………… 069
烤蚕蛹 ……………………………… 070
玉子虾仁 …………………………… 071
蒜蓉粉丝蒸扇贝 …………………… 072
虾滑口蘑 …………………………… 073
蛤蜊蒸蛋 …………………………… 074
芝士酥皮虾 ………………………… 075
午餐肉薯条 ………………………… 076
美味咖喱虾 ………………………… 077
香烤猪肉 …………………………… 078
鲜烤生蚝 …………………………… 079
午餐肉彩蔬串 ……………………… 080
爆浆芝士虾球 ……………………… 081
孜然羊肉 …………………………… 082
青笋鸡胸 …………………………… 083
自制牙签肉 ………………………… 084
虾仁烤蛋 …………………………… 085
香脆春卷 …………………………… 086
街头酥炸鸡柳 ……………………… 087
低脂酥炸虾仁 ……………………… 088
麦乐鸡块 …………………………… 089

时蔬鲜虾饼 ………………………… 090
捞汁小八爪鱼 ……………………… 091
青椒酿肉 …………………………… 092
酸菜烤五花肉 ……………………… 093
锡纸烤鸭血 ………………………… 094
芝士爆浆鸡排 ……………………… 095
麻辣小龙虾 ………………………… 096
香菇滑鸡 …………………………… 097
盐烤多春鱼 ………………………… 098
橘香小排 …………………………… 099
照烧鸡胸肉 ………………………… 100
午餐肉土豆串 ……………………… 101
奥尔良烤翅 ………………………… 102
香辣烤鱼 …………………………… 103
培根金针菇卷 ……………………… 104
五香烤猪肝 ………………………… 105
川味肥牛金针菇 …………………… 106
蒜香牛肉粒 ………………………… 107
柠檬蒜香鸡翅 ……………………… 108
酥脆薯片鸡翅 ……………………… 109
香甜菠萝鸡翅 ……………………… 110
低卡辣子鸡 ………………………… 111
麻辣鸡丝 …………………………… 112
五香酥带鱼 ………………………… 113
炸小酥肉 …………………………… 114
麻辣香锅 …………………………… 115
山药虾滑饼 ………………………… 116
啤酒酥皮鸭 ………………………… 117
脆皮五花肉 ………………………… 118

可口又美味的主食

西蓝花海苔烤饭团 ………………… 120
蟹柳滑蛋 …………………………… 121
香酥干脆面 ………………………… 122

韭菜合子 ························ 123
芝士火鸡面 ···················· 124
意式焗肉酱饭 ················· 125
土家掉渣饼 ···················· 126
脆香红薯饼 ···················· 127
太阳蛋手抓饼 ················· 128
懒人焖面 ······················ 129
手抓饼版肉饼 ················· 130
软炸茄盒 ······················ 131
素食花环比萨 ················· 132

简单又精致的甜品

果仁烤棉花糖 ················· 134
芝士焗红薯 ···················· 135
甜玉米烙 ······················ 136
糯叽叽双薯小方 ·············· 137
香甜炸香蕉 ···················· 138
南瓜糯米饼 ···················· 139
香甜菠萝派 ···················· 140
巧克力流心布朗尼 ··········· 141
烤年糕 ························· 142
蓝莓酸奶格格 ················· 143
巧克力燕麦蛋糕 ·············· 144
咖啡司康 ······················ 145
南瓜巧克力流心球 ··········· 146
坚果泡泡云 ···················· 147
奶香酥挞 ······················ 148
奥利奥黑森林蛋糕 ··········· 149
烤汤圆 ························· 150

红茶戚风蛋糕 ················· 151
蓝莓蛋挞 ······················ 152
低卡燕麦蛋挞 ················· 153
草莓酸奶蛋糕 ················· 154

自制随身小零食

低油花生米 ···················· 156
香酥吮指吐司条 ·············· 157
葱香拇指饼 ···················· 158
无油红薯片 ···················· 159
可可软曲奇 ···················· 160
莲藕脆片 ······················ 161
红枣花生脆片 ················· 162
奶香一口酥 ···················· 163
烤棋豆儿 ······················ 164
低卡烤蟹棒 ···················· 165
空心麻薯 ······················ 166
海苔香脆意面 ················· 167
燕麦小方 ······················ 168
甜烤胡萝卜片 ················· 169
苹果脆 ························· 170
香甜芒果干 ···················· 171
火龙果片 ······················ 172
西柚薄片 ······················ 173
凤梨甜片 ······················ 174
即食柠檬片 ···················· 175

附录：
空气炸锅好物伴侣 ················ 176

小试牛刀

低脂烤虾

🕐 25 分钟

🌡 200℃

主料　虾半斤

辅料　黑胡椒 1 小勺，盐 1 小勺

制作 ────────

1　将新鲜的活虾处理好，用剪刀去掉虾须和虾头上的尖；

2　空气炸锅 200℃，预热 5 分钟；

3　炸篮中放入虾，烤制 20 分钟，每 5 分钟翻面一次；

4　将烤好的虾取出来，撒上适量的现磨黑胡椒和盐。

TIPS

1. 可以给虾开背，虾肉会更有嚼劲；

2. 烤好的虾现吃最好，虾皮也是脆脆的。

炸馒头片

主料	馒头 2 个，鸡蛋 1 个
辅料	盐 1 小勺

制作

1　先将馒头切片备用，鸡蛋打入碗中，加入盐搅拌均匀；

2　切好的馒头片蘸取准备好的蛋液，待用；

3　空气炸锅 180℃预热 3 分钟，预热后将馒头片放入；

4　空气炸锅 180℃烤 4~5 分钟，中间取出翻面，上色后即可出锅。

1. 刚买的热馒头不好切，可以放冰箱冷藏一晚；

2. 不喜欢吃鸡蛋的朋友，也可以稍微刷一些黄油在馒头片上。

蜂蜜面包片

🕐 10 分钟

🌡 160℃

主料　面包片 2 片，鸡蛋黄 2 个

辅料　玉米油 1 勺，蜂蜜 1 勺

制作

1　先把蛋黄打散，放在小碗里备用（注：只要蛋黄，不要蛋清），再把玉米油和蜂蜜放在一起搅拌均匀；

2　先用刷子在面包片的其中一面刷上准备的玉米油和蜂蜜混合液，另一面暂时先什么都不刷；

3　刷好混合液的一面再均匀刷一层蛋黄液；

4　将面包片什么都没刷的一面朝下放在空气炸锅的烤架上，刷蛋黄液的那面朝上，温度设在 160℃，烤 5 分钟；

5　5 分钟后，把面包片取出，将另一面按原方法刷上混合液和蛋黄液，新刷蛋黄液的一面朝上放进空气炸锅,同样的温度,再烤5分钟,就可以了。

TIPS

如果想吃酥酥的口感可以稍微多烤一会儿。

花刀香肠

🕐 17 分钟

🌡 200℃

主料 香肠 6 根

辅料 盐 1 小勺，黑芝麻 1 茶匙

制作 ────────────────────────────

1　用刀斜切香肠，可以切三侧也可以切四侧，不要太深；

2　将香肠均匀抹油；

3　将空气炸锅调至 200℃，预热 2 分钟，放入香肠，炸 15 分钟；

4　撒上黑芝麻，出锅即可。

配上番茄酱味道会更好。

香烤玉米

🕐 12 分钟

🌡 180℃

主料　玉米 2 根

辅料　蜂蜜 1 勺

制作 ————————————————————————

1　把玉米洗干净，放于干燥地方晾干水分；

2　把玉米铺平放在空气炸锅的篮子里，均匀刷上蜂蜜；

3　空气炸锅 180℃，烤 12 分钟，6 分钟时翻面一次；

4　取出即可。

TIPS

如果不喜欢甜口，也可以不刷蜂蜜。

极简炸薯条

🕐 21 分钟

🌡 180℃ ~200℃

主料 土豆 2 个

辅料 橄榄油 1 小勺，盐 1 小勺，番茄沙司或椒盐（薯条蘸料）

制作

1　土豆先去皮，切成条，用水浸泡 10 分钟；

2　控干水分，加入盐和橄榄油，搅拌均匀；

3　先将空气炸锅调至 180℃预热 5 分钟，放入准备好的土豆条，200℃
　　烤 8 分钟，晃一晃，再 200℃烤 8 分钟；

4　听到"叮"的一声，美味就做好了。

TIPS

1. 土豆条切得稍微粗一些，因为食材在烤制过程中要回缩；

2. 用水浸泡除去淀粉，口感更脆；

3. 油和盐一定要少量，有一点点咸味儿就好，因为搭配薯条食用的番茄沙司或者椒盐本身就带有咸味儿。

香甜烤红薯

🕐 30 分钟

🌡 200℃

主料　红薯若干

辅料　无

制作 ——————————————————————

1　将红薯刷洗干净，用厨房纸擦干；

2　把每个擦干的红薯单独用锡箔纸包起来，不用太厚，一层就行；

3　空气炸锅，200℃烤 30 分钟，出锅即可。

锡箔纸加热后温度非常高，小心烫手！可戴手套将其取出来。

五香烤蛋

🕐 30 分钟

🌡 180℃

主料　鸡蛋 6 个

辅料　盐 1 小勺，五香粉 1 勺

制作 ───────────

1　将鸡蛋清洗干净；

2　碗中倒上五香粉和食盐，和匀；

3　将鸡蛋均匀裹上五香粉和盐，包上锡箔纸；

4　空气炸锅，180℃烤 30 分钟，剥去蛋壳就可以吃了。

锡箔纸温度很高，剥取的时候一定要小心。

焦糖奶茶

🕐 16 分钟

🌡 180℃

主料 红茶 10 克

辅料 糖 1 勺，牛奶 100 毫升

制作 ————————————————————————

1 将红茶、糖和水按照 1:1:0.5 的比例放入碗里；

2 空气炸锅 180℃烤 8 分钟；

3 拉出炸篮，看到有点焦糖色出来了，再加入牛奶 100 毫升；

4 空气炸锅 180℃再烤 8 分钟；

5 取出即可饮用。

TIPS

如果想要追求口感，可以将红茶的茶渣过滤出去。

营养又丰富的早餐

蛋黄流心
培根吐司

🕐 10 分钟

🌡 170℃

主料　吐司 3 片，培根 2 片，蛋黄 1 个

辅料　芝士碎 1 小把，沙拉酱 1 勺

制作

将食材准备好；

找一个杯子，扣在吐司上，
掏出一个圆洞，另一片吐司
也如法炮制，并将没有掏洞
的吐司一面涂满沙拉酱；

将三片吐司叠好，将涂沙
拉酱的培根放在最下面，
抹酱的一面朝上，培根一
横一竖铺在吐司上；

将芝士碎放在培根上，再
将蛋黄打上；

空气炸锅 170℃烤 10 分钟；

出锅即可。

如果不喜欢沙拉酱的味道，可以改为番茄酱或番茄辣酱，味道一样
好吃。

彩虹芝士蔬菜卷

🕐 15 分钟

🌡 180℃

主料　黄瓜半根，胡萝卜半根，培根 4 片

辅料　芝士 4 小片，胡椒粉 1 茶匙，盐 1 勺，蛋液 1 小碗

制作

将胡萝卜和黄瓜洗净，培根化冻，备用；

将胡萝卜和黄瓜刮成薄片；

一层黄瓜，一层培根，一层胡萝卜，一层芝士，将食材卷起来；

取一个合适的碗，将卷好
的食材放入碗中；

将盐放入蛋液中，浇在食
材上；

空气炸锅 180℃烤 15
分钟，取出撒上胡椒
粉即可。

黄瓜容易出水，可以酌情再多烤几分钟。

肉松香肠卷

🕐 15 分钟

🌡 200℃

主料 手抓饼 1 张，肉松 10 克，香肠 1 根，鸡蛋黄 1 个

辅料 沙拉酱 1 勺

制作

step 1

手抓饼解冻，将肉松涂抹
半张手抓饼；

step 2

在涂抹好肉松的位置挤上
沙拉酱；

step 3

将手抓饼上下翻折，
变成半月牙状，压紧；

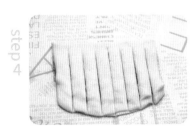

切掉两端，从左往右切1厘米左右的宽条，注意顶端不要切断；

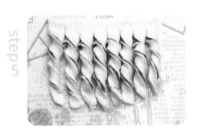

将每一个宽条都拧成麻花；

将香肠放在手抓饼上面，并用手抓饼将其卷起来，放在冰箱中冷冻半小时成型；

将肉松火腿卷放入空气炸锅中，刷好蛋黄液，撒上黑芝麻；

空气炸锅 200℃烤15分钟，出锅即可。

TIPS

手抓饼解冻时间过长后容易沾手，可以涂抹一些食用油在手上。

低油抱蛋水饺

🕐 5 分钟

🌡 180℃

主料	鸡蛋 2 个，水饺 12 个
辅料	黑芝麻 1 茶匙，盐 1 小勺

制作 ————————————

1　将水饺放入锅中，煮至 7~8 成熟捞出；

2　将两个鸡蛋打散，加适量盐调味；

3　将饺子放入锡纸碗中，蛋液沿饺子空隙处倒入，180℃烤 5 分钟，取出即可。

TIPS

喜欢酥脆点的朋友可以选择煎饺制作，一样好吃。

午餐肉烤方便面

🕐 8 分钟

🌡 180℃

主料 方便面 1 包，午餐肉 3 片，西蓝花 4 朵，香菇 3 朵

辅料 方便面调料 1 份，辣椒酱 1 勺，蚝油 1 勺，醋 1 茶匙，生抽 1 勺

制作

1 起锅烧水，将方便面煮熟，不要放调料，沥干备用；

2 将香菇和西蓝花洗净，焯水 3 分钟，沥干备用；

3 午餐肉切块，备用；

4 取一个锡纸碗，将方便面放入底部，加入香菇、西蓝花和午餐肉，再加入所有辅料，充分混合；

5 空气炸锅 180℃烤 4 分钟；

6 拉出炸篮，翻拌均匀，再烤 4 分钟；

7 出锅即可。

TIPS

香菇切花刀更容易焯熟。

芝士火腿吐司卷

🕐 10 分钟

🌡 170℃

主料 吐司 3 片

辅料 鸡蛋 2 个，火腿 50 克，芝士碎 1 小把

制作

1 取出吐司，用擀面杖擀平；

2 将火腿切成细条，与芝士碎一起卷入吐司中；

3 用牙签穿进吐司卷中固定；

4 碗中打入两个鸡蛋，用筷子打散；

5 将吐司卷浸入蛋液中，使吐司卷裹满蛋液；

6 空气炸锅 170℃烤 5 分钟；

7 翻面，170℃再烤 5 分钟；

8 出锅即可。

T I P S

记得吐司卷中穿了牙签，吃的时候要小心，不要被扎到。

蜂蜜西多士

🕐 12 分钟

🌡 170℃

主料　吐司 2 片

辅料　鸡蛋 1 个，黄油 1 小勺，黑芝麻 1 茶匙，蜂蜜 1 勺，牛奶 50 克

制作

1　鸡蛋打散后加入牛奶，搅拌均匀；

2　去掉吐司边，并切成小块，浸入蛋液 1~2 分钟；

3　空气炸锅垫上锡纸，纸上涂黄油，放上吐司；

4　空气炸锅 170℃烤 6 分钟；

5　翻面，将蜂蜜均匀涂抹在上面，再烤 6 分钟；

6　撒上黑芝麻，出锅即可。

蘸蛋液的时候注意，要保证吐司块的几面都沾上蛋液。

香酥午餐肉卷

🕐 12 分钟

🌡 160℃

主料	午餐肉半盒，手抓饼 1 张
辅料	鸡蛋 1 个
制作	

1　将午餐肉取出切条，备用；

2　将手抓饼取出化冻；

3　将半解冻状态的手抓饼切成 2 厘米宽的条；

4　将手抓饼条缠绕在午餐肉条上；

5　空气炸锅 160℃烤 6 分钟；

6　翻面，160℃再烤 6 分钟；

7　出锅即可。

TIPS

除了午餐肉，香肠也是不错的搭配。

酸奶爆浆吐司

🕐 10 分钟

🌡 180℃

主料 吐司 4 片，酸奶 1 杯，鸡蛋 1 个

辅料 各种喜欢的水果和坚果

制作

1. 将鸡蛋打入碗中，搅拌均匀；
2. 先将吐司去边，然后在吐司的一面倒入适量酸奶，加入自己喜欢的水果和坚果，再盖上一层吐司面包；
3. 将吐司面包放在鸡蛋液中浸泡均匀；
4. 将准备好的吐司放入空气炸锅中，180℃烤 10 分钟即可。

TIPS

1. 如果时间不够可以再烤几分钟，注意别烤煳；
2. 酸奶建议用浓稠的种类。

低卡蛋奶吐司

🕐 15 分钟

🌡 150℃

主料   吐司 1 片，鸡蛋 1 个

辅料   糖 1 勺，牛奶半袋

制作 ──────────────────

1. 先将吐司切成小块，鸡蛋、牛奶和糖依次放入碗中混合，搅拌均匀；

2. 将切好的吐司块放入调好的鸡蛋牛奶混合液中，让吐司均匀浸入蛋奶液中；

3. 撒上一层糖，放入空气炸锅中 150℃烤 15 分钟即可。

TIPS

1. 放入空气炸锅的器皿一定要注意，如果没有合适的餐具可用锡纸碗；

2. 烤好的吐司也可加入炼乳、坚果或者水果（蓝莓、草莓等），从而提升口感和美感。

培根芝士土豆饼

🕐 15 分钟

🌡 180℃

主料 土豆 2 个，鸡蛋 2 个，芝士片 4 片，面包糠 1 小碗

辅料 培根 30 克，洋葱 30 克，黑胡椒粉 1 茶匙，牛奶 50 克

制作 ───────────

1　先将土豆去皮切成块，上锅蒸 15 分钟，培根、洋葱切成丁备用；

2　把蒸好的土豆捣成土豆泥，依次加入切好的培根丁和洋葱丁，再放入牛奶、黑胡椒粉、盐，搅拌均匀；

3　把土豆泥搓圆，压扁成椭圆饼，将芝士片放在上面；

4　将鸡蛋打入容器中搅拌均匀，再将做好的土豆泥饼分别裹上鸡蛋液和面包糠；

5　放入空气炸锅中，180℃烤 15 分钟即可。

可根据个人喜好挤上番茄酱、沙拉酱，撒欧芹碎等调料增加口感。

烤牛奶

🕐 15 分钟

🌡 160℃ ~180℃

主料 牛奶 1 大袋，鸡蛋 1 个

辅料 芝士 1 片，糖 2 勺，玉米淀粉 2 勺，蛋黄 1 个（留着烤的时候刷在牛奶表面）

制作 ——————————————————————

1　将牛奶、鸡蛋、糖、淀粉与芝士片放入小奶锅中，小火慢慢熬煮；

2　不停搅拌，会越煮越稠，越搅越费劲；

3　出锅倒入容器中；

4　将蛋奶糊糊放入冰箱中，盖上保鲜膜，冷藏 4 小时；

5　倒扣取出蛋奶冻，将蛋奶冻倒入炸篮中的锡纸碗上；

6　用刀划成几块，上面涂抹上蛋黄液；

7　空气炸锅 180℃烤 10 分钟，再用 160℃烤 5 分钟；

8　盛出即可。

TIPS

煮蛋奶液的时候，用筷子能划出明显的纹路，就意味着煮好了。

土豆丝牛奶鸡蛋饼

🕐 15 分钟

🌡 180℃

主料 鸡蛋 2 个，土豆半个，面粉 100 克，牛奶 100 毫升

辅料 盐 1 小勺，葱花 1 小把

制作 ─────────────────────────────

1　准备一个容器，打入鸡蛋；

2　将土豆洗净并切成细丝，加入鸡蛋液，再加入葱花、盐、面粉和牛奶；

3　搅拌至无颗粒状，备用；

4　将硅油纸放入空气炸锅中，底部刷少许油，将准备好的面糊倒在硅油纸上；

5　空气炸锅 180℃烤 8 分钟；

6　翻面，180℃再烤 7 分钟；

7　出锅即可。

TIPS

1. 如果时间不够可以再烤几分钟，注意别烤煳；

2. 如果不喜欢葱花，可以将葱花换成韭菜碎或胡萝卜丁等自己喜欢的食材。

五香鹌鹑蛋

⏱ 18 分钟

🌡 180℃

主料	鹌鹑蛋 30 颗左右
辅料	五香粉 2 勺，烧烤料 2 勺，盐 1 勺

制作

1 将鹌鹑蛋洗净，备用；

2 将五香粉和盐混合后，涂抹在鹌鹑蛋表面；

3 静置腌制一晚；

4 空气炸锅 180℃烤 15 分钟；

5 取出后将皮去掉，表面涂抹烧烤料，放回空气炸锅中 180℃再烤 3 分钟；

6 出锅即可。

TIPS

静置腌制最少也要满 4 小时，否则鹌鹑蛋不入味。

低卡又好吃的素食

五彩豆腐丸子

🕐 20 分钟

🌡 200℃

主料　豆腐半块，鸡蛋 1 个，胡萝卜 1/4 根，火腿 1/4 根，黄瓜 1/4 根，香菇 2 朵，香菜 2 棵

辅料　盐 1 勺，胡椒粉 1 茶匙，生抽 1 勺，蚝油 1 勺

制作

step1

将胡萝卜、黄瓜、香菇、香菜洗净，切成小丁，火腿剥去外皮后也切成小丁，备用；

step2

将鸡蛋与配料一同倒入容器中，加入蔬菜和豆腐；

将所有食材和辅料搅拌均匀；

用手将食材团成丸子，放入空气炸锅中；

空气炸锅 200℃烤 15 分钟，翻面再烤 5 分钟；

出锅即可。

TIPS

豆腐容易出水，丸子容易"垮掉"，可以在制作丸子的时候加入些许生面。

烤韭菜

🕐 8 分钟

🌡 180℃

主料	韭菜 300 克
辅料	烧烤料 2 勺，糖 1 茶匙，生抽 1 勺，油半勺
制作	

1. 将韭菜洗净，晾干，放入空气炸锅中，刷上油；
2. 空气炸锅 180℃烤 5 分钟，备用；
3. 空碗中分别加入烧烤料、糖和生抽，搅拌均匀；
4. 将准备好的烧烤料均匀刷在韭菜上；
5. 放入空气炸锅中 180℃烤 3 分钟；
6. 盛出即可。

TIPS

喜欢吃辣的朋友可以加入一些小米椒碎。

香菇莲藕丸子

🕐 10 分钟

🌡 180℃

主料 莲藕 80 克，淀粉 100 克，香菇 3 朵，鸡蛋 1 个

辅料 盐 1 勺，香油 1 茶匙

制作

1 将藕去节，削皮，洗净，剁成细末，沥干水分；

2 香菇用温水泡软，洗净后去蒂，切成碎米粒状，备用；

3 将藕末和香菇粒放在碗内，加上鸡蛋清、淀粉、盐和香油，搅拌均匀，团成藕丸（直径 3 厘米）；

4 在空气炸锅中放一层锡纸，刷一层油，放上藕丸，180℃烤 5 分钟；

5 翻面再烤 5 分钟；

6 盛出即可。

除了莲藕，山药和红薯也很适合做丸子，味道都很不错。

素烤青瓜

⏱ 15 分钟

🌡 160℃

主料　黄瓜 2 根

辅料　孜然粉 2 勺，辣椒粉 1 勺，食用油 1 勺

制作 ────────────────────────

1　黄瓜洗净，不要去皮，备用；

2　由一头开始下刀，斜刀切至黄瓜约 2/3 深，切的时候，刀与黄瓜大约呈 45 度，将刀尖抵住案板，提起刀柄，使刀锋与案板大约呈 30 度，一直将整条黄瓜切完；

3　另一条黄瓜也这样切好；

4　空气炸锅 160℃，预热 5 分钟，喷上食用油，烤 5 分钟；

5　翻面，撒上孜然粉和辣椒粉，摇晃均匀，再烤 5 分钟；

6　出锅即可。

TIPS

　　素烤青瓜可以调制一个料汁蘸着吃：大蒜去皮切成末，干辣椒擦洗干净后剪成丝，生抽、糖、醋、鸡精、芝麻油、凉白开一起放入小碗中，拌匀成调味汁。

蒜香金针菇

🕐 10 分钟

🌡 180℃

主料　金针菇 1 把

辅料　蒜 6 瓣，葱 5 克，小米椒 2 根，盐 2 勺，糖 1 勺，蚝油 2 勺，生抽 2 勺，油 1 勺

制作

1　将金针菇洗净，剪去根部；

2　将蒜切成蒜末，小米椒、葱切成段；

3　取一个锡纸碗，将金针菇平铺在锡纸碗中，撒上调料及蒜末；

4　空气炸锅 180℃烘烤 10 分钟；

5　出锅时，将切好的小米椒、葱撒上即可。

在制作过程中无须取出翻面，出锅时搅拌一下即可。

锡纸粉丝娃娃菜

🕐 10 分钟

🌡 200℃

主料　娃娃菜 1 小棵，粉丝 1 小捆

辅料　蒜 6 瓣，香葱 1 根，小米椒 1 根，生抽 2 勺

制作

1　娃娃菜切条，洗净后平铺在锡纸上，粉丝用温水泡软，铺在娃娃菜上；

2　将葱、蒜切末，小米椒切段；

3　将生抽浇在粉丝和娃娃菜上；

4　空气炸锅 200℃烘烤 10 分钟；

5　出锅时将葱、蒜、小米椒段撒上即可。

TIPS

粉丝不要买过细的，不然会成团在一起。

芹菜香干

🕐 15 分钟

🌡 180℃

主料　香干 2 块，芹菜 200 克

辅料　盐 1 勺，红辣椒 10 根，香葱 3 段，白芝麻 1 茶匙，蚝油 1 勺，食用油
1 勺

制作

1　先将芹菜去叶洗净，切成段，香干切成条状和准备好的芹菜放入大
　　碗中；

2　依次加入红辣椒、蚝油、食用油、盐和白芝麻，搅拌均匀；

3　空气炸锅 180℃预热 5 分钟；

4　将芹菜香干等倒入锡纸碗中，空气炸锅 180℃烤 10 分钟；

5　出锅即可。

tips

建议选择稍微细一些的芹菜。

什锦茄子卷

⏱ 10 分钟

🌡 180℃

主料 长茄子 1 个，土豆半个，胡萝卜半根，番茄半个，玉米粒少许

辅料 盐 1 勺，黑胡椒碎 1 茶匙，食用油 1 勺

制作 ————————————————————

1 先将茄子洗净擦干，切成 2~3 毫米的长片，水中加入盐浸泡茄片 10 分钟；

2 沥干水，将茄片卷起（用牙签固定），放入空气炸锅中摆好；

3 将土豆、胡萝卜、番茄洗净切丁，和玉米粒依次放入锅中，加入盐和胡椒粉，翻炒均匀；

4 将炒好的什锦馅儿填入茄片卷中；

5 空气炸锅 180℃烤 10 分钟；

6 出锅即可。

—— Ⓣ Ⓘ Ⓟ Ⓢ ——

1. 茄子片要尽量切得薄些，才容易卷成卷儿；

2. 填在里面的什锦馅料，可以根据自己的喜好选择食材；

3. 喜欢油炸口感的，可以烘烤前在茄子卷上刷薄薄的一层油。

香辣四季豆

🕐 12 分钟

🌡 200℃

主料　四季豆 200 克

辅料　蒜 3 瓣，干辣椒 5 根，糖 1 小勺，胡椒粉 1 茶匙，盐 1 勺，生抽 1 勺，
　　　　蚝油 1 勺，油 1 勺

制作

1　将四季豆洗净，切成三四厘米长的段；

2　沥干水分，放入盐，抓匀；

3　腌制 20 分钟，用开水冲洗多余盐分，晾干透；

4　晾干透的四季豆加入所有辅料，抓拌均匀，确保所有四季豆都均匀
　　粘上料汁；

5　空气炸锅 200℃烤 10 分钟，翻面再烤 2 分钟；

6　盛出即可。

TIPS

第 5 分钟和第 8 分钟的时候，要把炸篮拉出来翻拌一下，确保炸得均匀。

香炸杏鲍菇

🕐 15 分钟

🌡 200℃

主料　杏鲍菇 2 个，鸡蛋 1 个

辅料　蒜粉 2 茶匙，洋葱粉 2 茶匙，鸡精 1 茶匙，甜椒粉半茶匙，白胡椒半茶匙，五香粉半茶匙，面包糠 1 小碗，鸡汤 3 勺

制作

1　将杏鲍菇切块，备用；

2　将除了面包糠之外的所有辅料放入碗中，把切好的杏鲍菇也放入碗中，搅拌均匀，让所有的杏鲍菇都粘上料汁，腌制 10 分钟；

3　把鸡蛋打成蛋液，将杏鲍菇先裹一层蛋液，再裹上面包糠；

4　空气炸锅 200℃，预热 5 分钟，喷上食用油，将杏鲍菇放入空气炸锅中，放置的时候在杏鲍菇表面喷上一层食用油，尽量不要让杏鲍菇粘在一起，烤 10 分钟；

5　取出，摇晃均匀，让杏鲍菇都散开，再喷一次油，200℃再烤 5 分钟；

6　取出后摇散，装盘即可。

tips

可以根据个人的喜好，撒一点孜然粉、辣椒面之类的调味料。

烧烤平菇

🕐 20 分钟

🌡 180℃ ~200℃

主料　平菇 200 克
辅料　鸡蛋 2 个，面粉 100 克，淀粉 50 克，盐 1 勺，胡椒粉 1 勺，孜然粉 1 勺，辣椒面 1 勺，食用油 1 勺

制作 ───────────────────────────────

1　平菇洗干净，撕成小块；
2　撒上盐、孜然粉、胡椒粉、辣椒面，搅拌均匀；
3　将鸡蛋打入平菇中；
4　加入面粉和淀粉，搅拌均匀；
5　拌匀后加入少量植物油，因为平菇不含油，不加油的话，在空气炸锅里面烹制，会让口感变差；
6　把平菇均匀铺在空气炸锅的炸网上；
7　空气炸锅 180℃预热 5 分钟，放入平菇，200℃烤 15 分钟；
8　出锅即可。

　1. 每隔 5 分钟拿出来搅拌一下，让平菇均匀受热，防止有些部分煳了，有些部分还不熟；

　2. 一次不要做太多，久放后平菇会变软，失去酥脆的口感。

041

风味烤毛豆

🕐 15 分钟

🌡️ 200℃

主料　毛豆 200 克

辅料　盐 1 小勺，孜然粉或孜然粒 1 小勺，辣椒粉 1 小勺，油 1 勺

制作

1　毛豆用热水反复搓洗干净后，剪掉两端；

2　将毛豆与油、盐、孜然粉、辣椒粉一起拌匀；

3　将毛豆平铺在空气炸锅的炸篮中，不要重叠；

4　空气炸锅 200℃烤 15 分钟，取出即可。

TIPS

热水洗毛豆可以让它保持绿色，也可以洗得更干净。

香辣土豆

🕐 15 分钟

🌡️ 180℃

主料 土豆 2 个

辅料 盐 1 勺，黑胡椒 1 茶匙，孜然粉 1 茶匙，辣椒粉 1 茶匙，熟芝麻 1 茶匙，食
用油 1 勺

制作

1 土豆去皮切成块；

2 在土豆块中依次加入盐、黑胡椒、孜然粉和辣椒粉，搅拌均匀；

3 放入空气炸锅中，喷少许食用油；

4 空气炸锅 180℃烤 10 分钟；

5 拉出炸篮，略微摇晃，撒入熟芝麻，再烤 5 分钟；

6 盛出即可。

1. 土豆块可以换成完整的小土豆；

2. 也可将土豆在蒸锅中蒸 10 分钟，再依法制作。

豆皮香菜卷

🕐 15 分钟

🌡 180℃

主料	豆皮 2 张，香菜 1 小把
辅料	蒜蓉酱 1 勺，烧烤料 1 勺，白芝麻 1 茶匙，生抽 1 勺，蚝油 1 勺，食用油 1 勺

制作

1. 豆皮切块，用水泡一下，防止烤干，香菜洗净切段备用；
2. 把香菜放在豆皮上卷起来，用牙签固定好；
3. 在空碗中依次放入生抽、蚝油、食用油、蒜蓉酱、烧烤料、白芝麻，搅拌均匀；
4. 在空气炸锅底部放入锡箔纸，将菜卷放入炸锅内，再均匀刷上酱料，顶部再盖一层锡箔纸；
5. 空气炸锅 180℃烤 8 分钟；
6. 拉出炸篮，翻面，刷好酱料，再烤 7 分钟；
7. 盛出即可。

TIPS

如果不喜欢香菜，您也可以更换成自己喜欢的蔬菜（如金针菇，生菜等）。

素烤彩椒

🕐 15 分钟

🌡 180℃

主料 红彩椒 1 个，黄彩椒 1 个，绿彩椒 1 个

辅料 盐 1 勺，孜然粉 1 勺，辣椒粉 1 茶匙，食用油 1 勺，蚝油 1 勺

制作

1. 将三种彩椒去籽洗净，切成小块，放入碗中；
2. 依次加入孜然粉、辣椒粉、食用油、蚝油和盐，搅拌均匀；
3. 炸篮中铺好硅油纸，将准备好的彩椒倒入炸锅中平铺；
4. 空气炸锅 180℃烤 10 分钟；
5. 拉出炸篮，略微摇晃，再烤 5 分钟；
6. 盛出即可。

TIPS

彩椒烤好后有些许的酸味，蘸寿司酱油食用别有一番风味。

无油洋葱圈

🕐 15 分钟

🌡 180℃

主料　洋葱 1 个

辅料　鸡蛋 1 个，生粉 4 勺，面包糠 4 勺，食用油 1 勺

制作

1　洋葱切成圈，备用；

2　将鸡蛋打入碗中，打散；

3　把洋葱圈依次裹上一层生粉，一层蛋液，一层面包糠；

4　在空气炸锅中放入锡纸，将裹好的洋葱圈放在锡纸上，喷上少许食用油；

5　空气炸锅 180℃烤 10 分钟；

6　拉出炸篮，翻面再烤 5 分钟；

7　盛出即可。

TIPS

洋葱圈每次不要放太多，会粘住，放满一层就可以炸了，现炸现吃最好。

芝士烤蔬菜

🕐 15 分钟

🌡️ 200℃

主料 黄彩椒半个，红彩椒半个，胡萝卜半根，西蓝花 100 克，口蘑 10 朵，
南瓜 1 小块

辅料 芝士碎 1 大把，黑胡椒 1 勺，黑芝麻 1 茶匙，油 1 勺，蚝油 1 勺

制作

1　将蔬菜洗净，切成块状或片状备用；

2　取一个锡纸碗，在底部喷上油；

3　将蔬菜放入锡纸碗中，同时加入黑胡椒粉，搅拌均匀，将芝士撒在
最上面；

4　空气炸锅 200℃烘烤 15 分钟；

5　出锅时撒上黑芝麻即可。

TIPS

水分少的蔬菜都适合此种做法。

香菇鹌鹑蛋

🕐 15 分钟

🌡 180℃

主料　香菇 5 朵，鹌鹑蛋 5 个

辅料　盐 1 勺，糖 1 茶匙，水淀粉 1 小碗，老抽 1 勺

制作 ─────────────

1　将香菇洗净，沥干水分，备用；

2　取一个碗，将辅料混在一起，备用；

3　将香菇冠头向下摆在空气炸锅的炸篮中，每个香菇上都打上一个生的鹌鹑蛋，再将调料淋在上面；

4　空气炸锅 180℃烤 15 分钟；

5　盛出即可。

TIPS

调料不要淋得过多，否则容易煳。

美极茄丁

🕐 15 分钟

🌡 160℃

主料　圆茄子 1 个

辅料　盐 1 勺，鸡精 1 茶匙，胡椒粉 1 茶匙，糖 1 茶匙，美极酱油 1 勺，油 1 勺

制作

1　将圆茄子洗净，去皮后切成小丁，备用；

2　准备一个碗，将油、盐、鸡精、胡椒粉、糖和美极酱油加入碗中；

3　把茄丁放入碗中，与调料一起翻拌均匀；

4　将拌好的茄丁放入锡纸碗中，空气炸锅 160℃烤 8 分钟；

5　取出炸篮，翻拌茄丁后再烤 7 分钟；

6　盛出即可。

TIPS

茄子比较吃油，如果翻拌后觉得有点干，可以再喷点油。

低脂烤菜花

🕐 16 分钟

🌡 180℃

主料 菜花半个

辅料 盐 1 勺，黑胡椒碎 1 茶匙，辣椒粉 1 茶匙，芝麻 1 茶匙，孜然半茶匙，
生抽 1 勺，橄榄油 1 勺

制作 ————————

1. 先将菜花切成小块，加入盐浸泡 5 分钟，冲洗干净后沥干水分；
2. 在菜花中依次加入橄榄油、辣椒粉、生抽、孜然、芝麻、黑胡椒碎和盐，
   搅拌均匀；
3. 在空气炸锅中铺上锡纸，倒入调好的菜花，180℃烤 8 分钟；
4. 拉出炸篮，翻面再烤 8 分钟；
5. 盛出即可。

TIPS

菜花切得不能太大，尤其是根部要薄，否则会熟得不均匀。

蒜香烤茄子

🕐 20 分钟

🌡 180℃

主料 长茄子 1 个

辅料 蒜末 1 勺，小米椒 2 根，烧烤料 1 勺，生抽 1 勺，蚝油 1 勺，油 1 勺

制作

1　先将茄子洗净擦干，放入空气炸锅中，再将小米椒切成小段；

2　表面刷入少许油，180℃先烤 15 分钟；

3　准备一个空碗，依次放入蒜末、小米椒段和烧烤料，淋上热油激香，再加入生抽和蚝油，搅拌均匀；

4　将烤好的茄子从中间划开（不划断），淋上调好的料汁，180℃再烤 5 分钟；

5　盛出即可。

TIPS

1. 建议选用短粗的紫皮茄子；

2. 茄子建议整体烘烤，保留水分，取出后再切开。

烧烤大蒜

🕐 20 分钟

🌡 180℃

主料　大蒜 2 头

辅料　孜然粉 1 勺，辣椒粉 1 茶匙，食用油 1 勺

制作 ─────────────────────

1. 先将大蒜掰瓣（保留一层外皮），放入水中浸泡 10 分钟，沥干水分；
2. 依次加入孜然粉、辣椒粉和食用油，搅拌均匀；
3. 在炸篮中铺好硅油纸，将准备好的蒜瓣倒入；
4. 空气炸锅 180℃烤 10 分钟；
5. 拉出炸篮，翻拌均匀，再烤 10 分钟；
6. 盛出即可。

TIPS

如果选择新蒜，水分较大，可以再多烤 5 分钟。

炸包菜

20 分钟

160℃

主料 包菜半个

辅料 糖 1 勺，辣椒面 1 勺，孜然粉 1 勺，鸡精 1 勺，味极鲜酱油 1 勺，蚝油 2 勺，陈醋 1 勺，花生油 2 勺

制作

1　包菜切开，取一半用手撕碎并洗净，用厨房纸吸走水分；

2　将所有辅料搅拌均匀，涂抹在包菜上；

3　空气炸锅 160℃烤 10 分钟；

4　拉出炸篮，翻拌均匀，160℃再烤 10 分钟；

5　盛出即可。

一定要抓均匀，确保每一片包菜都粘上辅料。

低卡香辣豆腐

🕐 20 分钟

🌡 180℃

主料　内酯豆腐 1 盒

辅料　少许火锅底料，葱 3 片，淀粉 1 勺，食用油 10 克

制作 ————————————————————

1　将内酯豆腐切成约一寸宽的小块，切好备用；

2　将切好的豆腐块放入锡纸碗中，加入水淀粉；

3　将少许火锅底料放入盛放豆腐块的锡纸碗中，然后将锡纸碗放入空气炸锅，180℃烤 20 分钟；

4　出锅后撒点小葱花即可。

TIPS

您如果觉得火锅底料不够味，可以适量加一点胡椒粉。

蜂蜜南瓜

🕐 25 分钟

🌡 180℃

主料	贝贝南瓜 1 个
辅料	黑胡椒 1 茶匙，蜂蜜 1 勺，食用油 1 勺

制作

1　将贝贝南瓜洗净，切成月牙小块；

2　将备好的贝贝南瓜表面刷上一层油；

3　放入空气炸锅炸篮中，撒上黑胡椒；

4　空气炸锅 180℃烤 15 分钟；

5　翻面，刷上蜂蜜再烤 10 分钟；

6　盛出即可。

TIPS

熟透的贝贝南瓜本来就很甜，不刷蜂蜜也很好吃。

嘎嘣脆锅巴

🕐 30 分钟

🌡 180℃

主料 米饭 200 克，鸡蛋 1 个

辅料 葱 5 克，孜然粉 5 克，辣椒粉 5 克，盐 3 克，油 1 勺，海鲜酱油 1 勺

制作

1　米饭煮好放到盘子里面，放凉；

2　米饭中放入鸡蛋、盐、辣椒粉、孜然粉和海鲜酱油；

3　用勺子把调料和米饭搅拌均匀；

4　将米饭装入保鲜袋中，用擀面杖擀成厚度约 1 厘米的薄饼；

5　在空气炸锅中放一层锡纸，刷一层油，放上米饼，180℃烤 15 分钟；

6　翻面再烤 15 分钟；

7　盛出，撒上葱花即可。

TIPS

剩米饭比新煮的米饭更干松，做出来的效果更好。

低脂又丰盛的肉食

蜜汁烤排骨

🕐 13 分钟

🌡 200℃

主料 排骨 500 克

辅料 香葱 2 根，蒜 3 瓣，姜 1 小块，叉烧酱 4 勺，蜂蜜 2 勺

制作

排骨斩成小块，清洗干净；

水烧开后放进排骨，焯下水；

把香葱、蒜、姜全部切成小丁，加入蜂蜜和叉烧酱，搅拌后成为酱汁；

将酱汁倒进沥干水分的排骨中，用手将排骨和酱汁揉匀，使每一块排骨都粘满酱汁，之后装进保鲜盒并放入冰箱，冷藏过夜；

取出排骨，空气炸锅200℃烤制13分钟；

把烤好的排骨拿出来装盘，即可食用。

T I P S

1. 排骨最好焯下水，这样可以去掉血水，并且腌制的时候更加入味；

2. 时间充足的话，排骨可以腌制过夜，如果时间不充足，至少要保证4个小时的腌制时间，这样排骨才够味。

芝士土豆虾球

🕐 15 分钟

🌡 180℃

主料　大虾 6~8 个，土豆 2 个

辅料　柠檬半个，鸡蛋 1 个，芝士碎 20 克，面包糠 100 克，生粉 20 克，盐 1 勺，
　　　　五香粉 1 勺，胡椒粉 1 勺，油 1 勺，生抽 1 勺

制作

准备好食材；

将虾去掉头和虾线，加入
五香粉、盐和柠檬片腌制，
土豆切块后焯熟；

将土豆压成泥，加入生粉、胡椒粉和盐，揉成面团，做成小剂子；

在每一个小剂子中都加入一个虾和若干芝士碎；

将土豆小剂子和虾包成团子；

将团子裹上一层蛋液后再包裹一层面包糠，放入空气炸锅，180℃烤15分钟；

取出即可。

tips

1. 土豆泥在放入虾和芝士碎之前，可以尝一下咸淡；

2. 为了菜色鲜亮，建议用南瓜面包糠。

轰炸大鱿鱼

🕐 20 分钟

🌡 200℃

主料　大鱿鱼 1 整条

辅料　姜片 4 片，葱 5 段，香菜 2 根，烧烤料 3 勺，蚝油 1 勺，辣椒酱 1 勺，植物油 2 勺

制作

将大鱿鱼洗净，其他配料准备好；

将鱿鱼去掉内脏，切成宽条，鱿鱼须切下来；

step 3

将除了烧烤料的其他调料
混合后涂抹在鱿鱼表面，
腌制 1 小时；

step 4

将腌好的大鱿鱼表面涂好
烧烤料；

step 5

平铺，放入空气炸锅中，200℃
烤 15 分钟后，翻面再烤 5 分钟；

step 6

出锅即可。

Tips

　　大鱿鱼卖相十分好看，但如果自家的空气炸锅太小的话，做成鱿鱼圈
也很美味。

疯狂大鸡腿

🕐 50 分钟

🌡️ 200℃

主料	大鸡腿 2 个，培根 12 片，虾 3 只，鸡胸肉 1 块，白煮蛋 1 个，生鸡蛋 1 个，洋葱 1 小个
辅料	芝士 3 片，胡椒粉 2 勺，五香粉 1 勺，淀粉 2 勺，盐 2 勺，料酒 2 勺

制作

step 1

将大鸡腿用剪刀从中间剪开（不要剪断），将肉翻转成一个锤子状；

step 2

大鸡腿放入空碗中，加入料酒、胡椒粉、五香粉和盐，搅拌均匀，腌制 20 分钟；

step 3

将鲜虾、鸡胸肉和洋葱洗净，备用；

step 4

将鲜虾和鸡胸肉剁成泥，洋葱剁成洋葱碎，加入胡椒粉、淀粉和鸡蛋，搅拌均匀备用；

step 5

将熟鸡蛋放入铺好的肉泥中，腌制好的鸡腿分别放在鸡蛋两侧；

step 6

将剩余肉泥均匀涂抹在鸡腿上，将鸡腿覆盖，再放一层芝士；

step 7

再将两侧的培根裹在上面，上方铺上培根，最后用锡箔纸全部包裹，放入空气炸锅中；

step 8

200℃烤50分钟；

step 9

盛出即可。

大鸡腿形状较大，建议用较大的空气炸锅或者使用烤箱。

芝士焗肠

🕐 3 分钟

🌡 180℃

主料 台式香肠 1 根，玫瑰干香肠半根，丹麦甜香肠 1 小段，白香肠 1 小段

辅料 芝士碎 1 大把，黑胡椒粉 2 勺，橄榄油 2 勺

制作

1　将各种香肠去掉包装，切成小圆段；

2　取一个碗，加入黑胡椒粉和橄榄油，放入香肠，搅拌均匀；

3　取一个锡纸碗，将香肠铺在碗底，在上面撒上芝士碎；

4　空气炸锅 180℃烤 3 分钟；

5　盛出即可。

TIPS

1. 香肠的种类不限，可以放许多种，也可以为了方便只放一种；

2. 选择香肠的时候，尽量选择一些肥瘦相间的，这样味道会更香。

鸡米花

🕙 10 分钟

🌡 200℃

主料　鸡胸肉 1 块，鸡蛋 1 个

辅料　胡椒粉 1 勺，盐 1 勺，淀粉 3 勺，面包糠 3 勺

制作

1　鸡胸肉切丁，放入盐、胡椒粉和蛋清，腌制半小时，使之入味；

2　把腌好的鸡肉丁逐个放入淀粉中，再裹上蛋液和面包糠；

3　空气炸锅 200℃预热 5 分钟，均匀放入鸡肉丁；

4　让鸡肉丁粒粒分开，200℃烤制 5 分钟；

5　盛出即可。

TIPS

配上番茄酱味道会更好。

香烤鲍鱼

🕐 5分钟

🌡 180℃

主料　鲍鱼 10 个

辅料　葱 5 段，蒜 6 瓣，香菜 2 根，小米椒 5 根，胡椒粉 1 茶匙，植物油 2 勺，料酒 1 勺，白酒 1 勺，蚝油 1 勺，生抽 1 勺

制作 ───────

1　将鲍鱼清洗干净去掉内脏，鲍鱼壳也清洗干净；

2　在鲍鱼肉上切花刀，再放入碗中，加入料酒、白酒和胡椒粉，腌 20 分钟；

3　小米椒切成小段，将蒜剥好后切成蒜蓉，起锅烧油，将蒜蓉下入锅中，炸至金黄捞出，加入蚝油、生抽和切好的小米椒，拌匀；

4　将鲍鱼摆在壳上，平铺在炸篮中，空气炸锅 180℃烤 3 分钟；

5　将蒜蓉汁淋在鲍鱼上，180℃再烤 2 分钟；

6　出锅后撒上香菜和香葱碎即可。

> T I P S
>
> 鲍鱼一定要清洗干净再制作，否则会吃到砂砾。

黑胡椒牛排

🕐 13 分钟

🌡 200℃

主料　牛排 1 块

辅料　西蓝花少许，黑胡椒酱 2 勺，黄油 10 克

制作

1　将牛排解冻，用厨房纸吸干水分；

2　西蓝花用开水焯熟，备用；

3　空气炸锅 200℃预热 5 分钟，将刷了黄油的牛排放入，烤 4 分钟；

4　取出观察，没有血水即可翻面，翻面后再烤 4 分钟；

5　牛排盛出，点缀上西蓝花，淋上黑胡椒酱即可。

　　牛排两面各烤 4 分钟，基本保证牛排七分熟，如果喜欢更熟的则可以烤久一些。

烤蚕蛹

🕐 8 分钟

🌡 180℃

主料 蚕蛹 200 克

辅料 盐 1 勺，烧烤料 2 勺

制作 ────────────────────

1　将蚕蛹洗净，沥干备用；

2　将蚕蛹放入空气炸锅中，加入盐，180℃烤 3 分钟；

3　拉出炸篮，翻面，加入烧烤料，180℃再烤 5 分钟；

4　盛出即可。

TIPS

蚕蛹含有丰富的蛋白质，易于人体吸收。

玉子虾仁

🕐 8 分钟

🌡 140℃

主料　虾仁 20 个，日本豆腐 1 袋

辅料　小米椒 2 根，水淀粉 1 小碗，葱花 5 克，蚝油 1 勺

制作 ────────────────

1　将虾仁解冻，清洗干净；

2　日本豆腐切成小段，平铺在锡纸碗上，小米椒切成小段备用；

3　空气炸锅 140℃焗烤 8 分钟；

4　盛出后撒上葱花、小米椒段即可。

TIPS

如果将虾仁换成鲜虾，需要在制作时加入一点料酒去腥。

蒜蓉粉丝蒸扇贝

⏱ 8 分钟

🌡 200℃

主料　扇贝 4 个，粉丝 2 小把

辅料　蒜 6 瓣，姜 4 片，葱花 5 克，小米椒 5 根，蒜蓉辣酱 1 勺，蚝油 1 勺

制作

1　将扇贝洗净，其他食材准备好；

2　因为是鲜扇贝，所以粉丝泡发后放在锡纸碗底就好，将扇贝置于粉丝上；

3　准备一个碗，将调料放入碗中混合成料汁，浇在扇贝上；

4　空气炸锅 200℃烤 8 分钟，盛出即可。

TIPS

如果喜欢娃娃菜，也可将娃娃菜铺在粉丝底部。

虾滑口蘑

10 分钟

180℃

主料　口蘑 50 克，虾滑 150 克

辅料　盐 1 勺

制作

1　备好虾滑，将口蘑洗净；

2　将口蘑的底部去掉，把虾滑放入口蘑内，撒上盐；

3　在空气炸锅内放上锡箔纸，刷少量的油，180℃烤 10 分钟；

4　盛出即可。

在口蘑烤制过程中，汁水会渗入虾滑中，所以入口时小心被烫到。

蛤蜊蒸蛋

⏱ 10 分钟

🌡 190℃

主料　蛤蜊若干，鸡蛋 2 个

辅料　小葱 1 根，盐 1 勺，生抽 1 勺，芝麻油 1 小勺

制作

1　蛤蜊吐沙后清洗干净，用盐搓洗后彻底冲干净，码放在碗中；

2　鸡蛋打散，放盐，过筛倒入蛤蜊碗中；

3　空气炸锅 190℃烤 10 分钟；

4　取出后撒上葱花，淋上生抽和芝麻油即可。

TIPS

如果有锡纸碗，也可以将食材直接放入锡纸碗中。

芝士酥皮虾

🕐 10 分钟

🌡 200℃

主料	虾 200 克，鸡蛋 1 个，芝士 50 克，手抓饼 1 个
辅料	盐 1 勺，黑胡椒 1 茶匙，黑芝麻 1 茶匙

制作

1 大虾洗净、去虾线，撒上盐和黑胡椒，腌制 10 分钟备用；

2 将手抓饼切成适当大小，撒上芝士；

3 将腌制好的大虾放在手抓饼上，包裹起来；

4 刷上蛋黄液，撒上黑芝麻，放入空气炸锅中；

5 空气炸锅 200℃烤 10 分钟；

6 盛出即可。

想要芝士拉丝，时间可以更长一些。

午餐肉薯条

🕐 10 分钟

🌡️ 160℃

主料　午餐肉半盒

辅料　鸡蛋 1 个，生粉 50 克，面包糠 50 克

制作

1　将午餐肉取出切条，备用；

2　将鸡蛋打入碗中，打散后备用；

3　将午餐肉条沾满蛋液，再裹一层生粉，最后裹一层面包糠；

4　将裹好料的午餐肉条放入炸篮中；

5　空气炸锅 160℃烤 5 分钟；

6　翻面后 160℃再烤 5 分钟；

7　出锅即可。

TIPS

如果喜欢吃辣椒，可以蘸着辣椒面一起吃。

美味咖喱虾

🕐 15 分钟

🌡 160℃

主料　大虾 10~15 个

辅料　咖喱 4 小块，食用油 1 勺

制作

1　把大虾清洗干净后，挑出虾线，备用；

2　将咖喱块用温热的水化开，一半涂抹在虾表面；

3　腌制 30 分钟；

4　空气炸锅 160℃预热 5 分钟，在大虾表面再涂抹一层咖喱酱，喷上食用油，烤 5 分钟；

5　翻面，再烤 5 分钟；

6　出锅即可。

如果想要虾更入味，可以给大虾开背。

香烤猪肉

⏱ 10 分钟

🌡 200℃

主料 猪里脊肉 400 克

辅料 孜然粉 2 勺，香菜 2 根，鸡精 1 茶匙，淀粉 1 勺，盐 1 勺，生抽 1 勺，植物油 2 勺

制作

1 将猪里脊肉洗干净，用厨房纸吸干水分；

2 将猪里脊肉切成小片，方便入口即可；

3 放入所有调味料，腌 20 分钟；

4 将腌好的猪里脊肉倒入空气炸锅中，均匀地铺满锅底；

5 空气炸锅 200℃炸 10 分钟；

6 撒上洗净切好的香菜碎，出锅即可。

TIPS

除了猪肉，牛肉、羊肉、鸡肉均可使用这个做法。

鲜烤生蚝

🕐 10 分钟

🌡 120℃

主料 生蚝 4 个

辅料 蒜 6 瓣，葱花 5 克，小米椒 3 根，盐 1 茶匙，醋 1 勺，生抽 1 勺，蚝油 1 勺，香油少许，料酒 1 勺

制作

1. 先刷干净生蚝的表面；

2. 取一个碗，将盐、醋、生抽、蚝油、香油、料酒调好；

3. 将蒜末放到生蚝上面，然后浇上调好的汁；

4. 放入空气炸锅，120℃烤 10 分钟；

5. 撒上葱花和切好的小米椒段，盛出即可。

TIPS

想让生蚝自然开口，可以在制作前用锅清蒸两分钟，这样比较方便。

午餐肉
彩蔬串

🕐 15 分钟

🌡 160℃

主料 午餐肉 2 片，胡萝卜 1 根，青椒 1 根，洋葱半个

辅料 烧烤料 1 勺，白芝麻 1 茶匙

制作

1 将午餐肉切成条状，备用；

2 将洗净的青椒、胡萝卜和洋葱分别切成条状，沥干备用；

3 准备好竹签，将蔬菜和午餐肉穿在一起；

4 空气炸锅 160℃预热 5 分钟，喷上食用油，将食材烤 5 分钟；

5 翻面，均匀地撒上烧烤料，再烤 5 分钟；

6 撒上白芝麻，出锅即可。

TIPS

水分不大的蔬菜、菌菇，都适宜穿成串儿放在空气炸锅中烤制。

爆浆芝士虾球

🕐 10 分钟

🌡️ 180℃

主料 虾滑 150 克，鸡蛋 1 个，芝士 2 片

辅料 面包糠 4 勺，盐 2 克，鸡精 1 克，淀粉 3 勺，料酒 1 勺

制作

1 将鸡蛋打成蛋液，芝士切成碎片，备用；

2 空碗中加入准备好的虾滑，分别加入盐、鸡精和料酒，搅拌均匀；

3 取少许虾滑，压扁摊开，再将芝士放进去，包裹成一个小球；

4 将准备好的虾滑球依次裹上一层淀粉、鸡蛋液和面包糠，放入空气炸锅中；

5 空气炸锅 180℃烤 5 分钟；

6 拉出炸篮，翻面再烤 5 分钟；

7 盛出即可。

TIPS

芝士爆浆温度非常高，一定要注意食用安全。

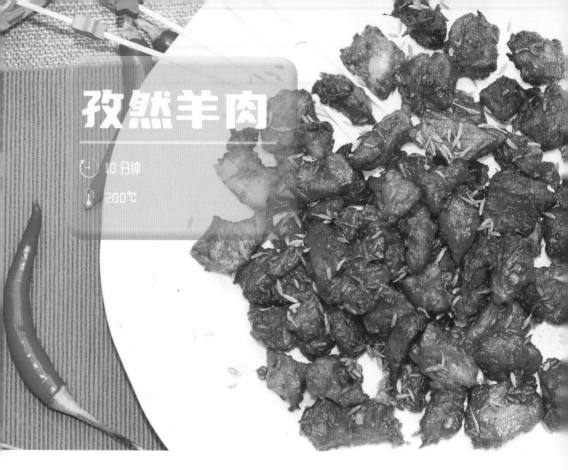

孜然羊肉

🕐 10 分钟

🌡 200℃

主料 羊里脊 400 克

辅料 孜然粉 2 勺，孜然粒 2 勺，淀粉 1 勺，盐 1 勺，鸡精 1 茶匙，生抽 1 勺，植物油 2 勺

制作

1　将羊肉洗干净，用厨房纸吸干水分；

2　将羊肉切成小块，和平时吃的羊肉串大小差不多即可；

3　放入所有调味料，腌 30 分钟；

4　将腌好的羊肉倒入空气炸锅中，均匀地铺满锅底；

5　空气炸锅 200℃炸 10 分钟；

6　出锅即可。

TIPS

1. 如果切的羊肉丁大，可以根据情况多烤 3 分钟左右；

2. 喜欢吃辣的朋友可以加一些辣椒粉。

青笋鸡胸

🕐 10 分钟

🌡 180℃

主料　青笋 200 克，鸡胸肉 200 克

辅料　小米椒 2 根，葱 1 段，黑芝麻 1 茶匙，十三香 1 勺，蚝油 1 勺，料酒 1 勺，生抽 1 勺

制作 ————————————————————

1　将鸡胸肉和青笋洗净切成薄片，小米椒洗净切成小段；

2　取一个碗，加入蚝油、生抽、十三香、葱和料酒，放入鸡胸肉，抓拌均匀，腌制 15 分钟；

3　取一个锡纸碗，将青笋铺在碗中，上面放腌制好的鸡胸肉；

4　空气炸锅 180℃烤 5 分钟；

5　翻面，撒黑芝麻，180℃再烤 5 分钟；

6　出锅，撒上小米椒段即可。

TIPS

可以在锡纸碗底部喷上一点油。

自制牙签肉

🕐 12 分钟

🌡 180℃

主料　牛肉 300 克

辅料　盐 1 勺，糖 1 茶匙，烧烤料 1 勺，蚝油 1 勺，生抽 1 勺，老抽 1 茶匙

制作 ────────────────

1. 挑选新鲜的牛肉，洗净后切成 1 厘米左右的肉粒；
2. 将牛肉粒放入碗中，加入生抽、老抽、蚝油、盐和糖，抓匀后腌制 10 分钟；
3. 将牙签穿入肉中，保证每一颗肉粒都穿上牙签；
4. 放入空气炸锅，180℃烤 8 分钟；
5. 取出后加入烧烤料，再烤 4 分钟；
6. 盛出即可。

TIPS

1. 烧烤料不要一开始就放，一定要快出锅时再放；
2. 如果不喜欢牛肉，也可以换成羊肉或鸡肉。

虾仁烤蛋

⏱ 12 分钟

🌡 180℃

主料	鸡蛋 3 个，虾仁 4 个
辅料	葱花 5 克，小米椒 2 根，生抽 2 勺，食用油 1 勺

制作 ————————————————————————————

1　将准备好的鸡蛋打入碗中，再加入虾仁；

2　依次加入生抽、食用油、葱花和切好的小米椒段；

3　放入空气炸锅中，180℃烤 12 分钟；

4　盛出即可。

tips

如果选择鲜虾制作，记得去掉虾线。

香脆春卷

🕐 10~12 分钟

🌡 180℃

主料　速冻春卷 1 袋

辅料　食用油 1 勺

制作

1、取出速冻春卷，无须解冻；

2、春卷上均匀刷上食用油；

3、将食材放入空气炸锅中，180℃烤 10~12 分钟；

4、中间 6 分钟时翻个面；

5、盛出即可。

T I P S

春卷可以与泰式辣椒酱一起食用。

街头酥炸鸡柳

🕐 15 分钟

🌡 200℃

主料　鸡胸脯 1 块，鸡蛋 1 个

辅料　生姜 1 片，鸡精 1 茶匙，生粉 3 勺，胡椒粉 1 茶匙，五香粉 1 茶匙，盐 1 勺，料酒 1 勺

制作

1　鸡胸脯切条，放入料酒、盐、鸡精、五香粉、胡椒粉和生姜，腌制 2~3 小时；

2　把腌制好的鸡肉依次裹上生粉和鸡蛋液；

3　空气炸锅 200℃炸制 15 分钟；

4　炸到 10 分钟左右翻个面；

5　盛出即可。

TIPS

喜欢酥脆点的朋友可以多烤一会儿，喜欢吃辣的朋友也可以撒点辣椒面。

低脂酥炸虾仁

🕐 15 分钟

🌡 185℃

主料　虾仁 200 克，鸡蛋 1 个

辅料　盐 2 勺，黑胡椒 1 茶匙，全麦粉 3 勺，泡打粉 1 勺，料酒 1 勺

制作

1　将准备好的虾仁放入碗中，打入鸡蛋，加入料酒、盐和黑胡椒粉，搅拌均匀备用；

2　另找一个空碗，倒入全麦粉和 1 勺泡打粉，搅拌均匀；

3　将腌制好的虾仁放入准备好的面粉里，裹上一层全麦粉；

4　放入空气炸锅中，刷上少许油，185℃烤制 15 分钟；

5　盛出即可。

TIPS

盛出后，可根据个人口味撒上孜然粉或搭配番茄酱食用。

麦乐鸡块

🕐 15 分钟

🌡 180~200℃

主料　鸡胸肉 1 块，鸡蛋 1 个，土豆 1 个

辅料　黑胡椒 1 茶匙，盐 1 勺，生抽 1 勺，蚝油 1 勺

制作

1　土豆洗净去皮，上锅蒸熟，搅拌成泥状；

2　鸡胸肉洗净，用搅拌机搅成泥；

3　将土豆泥、鸡胸肉和鸡蛋液均匀搅拌；

4　将蚝油、生抽、胡椒和盐放入以上材料中，再次搅拌均匀，然后分
　　成小块状，备用；

5　空气炸锅 180℃炸 10 分钟，翻面 200℃炸 5 分钟，即可出锅。

　　许多人都会选择半成品鸡块，但其实自己做的鸡块不含防腐剂，营养
也更为丰富。

时蔬鲜虾饼

🕐 15 分钟

🌡 180℃

主料 大虾 4 个，土豆 1 个，贝贝南瓜 1 个

辅料 盐 1 勺，胡椒粉 1 茶匙，淀粉 1 勺，海苔碎 1 勺

制作

1 将大虾洗净，挑出虾线，备用；

2 土豆、南瓜蒸熟，搅拌压成泥；

3 加入海苔碎、胡椒粉、盐和淀粉，搅拌均匀，取适量食材团成球，
   压成饼；

4 将准备好的虾放在土豆南瓜饼上，再将食材放入空气炸锅中；

5 空气炸锅 180℃烤 15 分钟；

6 盛出即可。

T I P S

如果觉得麻烦，将大虾换成虾仁也可以。

捞汁小八爪鱼

⏱ 15 分钟

🌡 180℃

主料　八爪鱼 200 克

辅料　葱花 5 克，姜末 5 克，蒜末 10 克，小米椒碎 10 克，胡椒粉 1 勺，糖半勺，
料酒 2 勺，蚝油 1 勺，生抽 1 勺

制作

1　将八爪鱼洗净，加入葱花、姜末和料酒，搅拌均匀，腌制备用；

2　准备一个空碗，依次加入小米椒、蒜末、蚝油、生抽、胡椒粉、糖和
水，搅拌均匀；

3　将腌制好的八爪鱼沥干，放入锡纸烤盘中，倒入调好的料汁，搅拌均匀；

4　放入空气炸锅中，180℃烤 10 分钟；

5　翻面，再继续烤 5 分钟；

6　烤制成熟，即可盛出。

Tips

根据个人口味也可加入烧烤料或者烧烤酱。

青椒酿肉

⏱ 15 分钟

🌡 180℃

主料　长青椒 3 根，肉馅 150 克

辅料　葱花 5 克，蒜末 5 克，盐 1 勺，糖半勺，淀粉 1 勺，油 1 勺，料酒 1 勺，
　　　蚝油 1 勺，生抽 1 勺

制作 ——————

1　将长青椒洗净，去蒂头，切成 3 厘米左右的小段；

2　取一个碗，将肉馅和其他调料放进去，搅拌均匀；

3　将调好的肉馅塞入青椒中；

4　空气炸锅 180℃烤 10 分钟；

5　翻拌好后，再烤 5 分钟；

6　出锅即可。

TIPS

由于没有另外做酱汁，所以肉馅可以拌得咸一点。

酸菜烤
五花肉

🕐 15 分钟

🌡 180℃

主料 五花肉 300 克，酸菜 300 克

辅料 盐 1 勺，烧烤料 2 勺，油 1 勺，蚝油 1 勺，生抽 1 勺

制作 ────────────────────────

1 将酸菜清洗干净，切成丝备用；

2 将酸菜丝与五花肉放入碗中，加入油、盐、生抽、蚝油和烧烤料；

3 将食材抓拌均匀；

4 在炸篮中铺好锡纸，将食材放在锡纸中，包好；

5 空气炸锅 180℃烤 10 分钟；

6 翻拌好后，再烤 5 分钟；

7 出锅即可。

TIPS

一定要放油，否则酸菜会被烤干。

093

锡纸烤鸭血

🕐 15 分钟

🌡️ 180℃

主料 娃娃菜，鸭血

辅料 洋葱 1 个，火锅底料少许，葱花 5 克，蒜末 5 克，小米椒 2 根

制作

1. 将鸭血洗净，切成方块；
2. 洋葱洗净，切成片状，娃娃菜也洗净，备用；
3. 准备好锡纸碗，将洋葱和娃娃菜铺在底部，放上鸭血，放入少许火锅底料，倒入没过鸭血的清水；
4. 空气炸锅 180℃烤 5 分钟；
5. 拉出炸篮，将火锅底料划散，翻拌均匀，180℃再烤 10 分钟；
6. 出锅后，撒上葱花、蒜末和切好的小米椒段即可。

TIPS

本菜品非常简单，无须再添加其他调料。

芝士爆浆鸡排

🕐 15 分钟

🌡 180℃

主料　鸡排 1 块，芝士 2 片

辅料　鸡蛋 2 个，面包糠 100 克，盐 1 勺，黑胡椒 1 茶匙，生粉 2 勺，面粉 150 克，生抽 1 勺

制作

1　鸡排洗净；
2　选取鸡排较窄的一侧下刀，在中间较厚的位置切出一个口，用于放芝士片，尽量不要切断其他几面，防止芝士漏出；
3　用刀背将鸡排拍松，加入盐、黑胡椒、生抽和生粉抓匀，腌制 20 分钟以上，将芝士片对折，塞入鸡排中间的切口里；
4　把鸡排放入铺有面粉的盘子里，整个表面裹上面粉；
5　把鸡蛋打散，将裹了面粉的鸡排裹上一层蛋液；
6　将裹了蛋液的鸡排放入装有面包糠的盘子里，滚一圈，使整个表面均匀裹上面包糠；
7　空气炸锅 180℃烤 7 分钟，打开翻面，再烤 8 分钟，装盘即可。

> 将食材放入炸锅时要喷油，油越多会越酥脆。

麻辣小龙虾

⏲ 15 分钟

🌡 180℃

主料 小龙虾 500 克，火锅底料 100 克

辅料 干辣椒 6 根，料酒 2 勺

制作 ————————

1. 将小龙虾放入水中，洗净，放入料酒，捞出晾干；
2. 将小龙虾放入锡纸碗中，加入干辣椒和火锅底料；
3. 放入空气炸锅中，180℃烤 15 分钟；
4. 盛出即可。

TIPS

可根据个人口味撒入葱花食用。

香菇滑鸡

🕐 16 分钟

🌡 180℃

主料　鸡胸肉 300 克，香菇 5 朵

辅料　葱花 10 克，小米椒 2 根，盐 1 勺，糖 1 茶匙，生抽 2 勺，蚝油 2 勺，料酒 1 勺

制作

1　将鸡胸肉洗净，切成片状，备用；

2　香菇洗净，切成块状，备用；

3　取一个碗，将鸡胸肉、料酒、生抽、蚝油、盐和糖放在一起，搅拌均匀；

4　腌制 30 分钟后加入香菇块，再腌制 10 分钟；

5　空气炸锅 180℃烤 8 分钟；

6　取出翻拌，180℃再烤 8 分钟；

7　撒上切好的小米椒段和葱花，出锅即可。

TIPS

鸡肉出油很少，放入空气炸锅前可以喷一点油，防止煳锅。

盐烤多春鱼

🕐 16 分钟

🌡 180℃

主料	多春鱼 200 克
辅料	小青柠 4 个，盐 1 勺，胡椒粉 1 茶匙，料酒 2 勺
制作	

1. 将多春鱼洗净，沥干备用；
2. 将多春鱼放入碗中，用盐和料酒涂抹；
3. 腌制 1 小时；
4. 空气炸锅 180℃烤 8 分钟；
5. 拉出炸篮，翻面，撒上胡椒粉，180℃再烤 8 分钟；
6. 盛出，挤上小青柠汁即可。

TIPS

多春鱼无须多做加工，保持原味就很好吃。

橘香小排

⏱ 16 分钟

🌡 180℃

主料 小排 400 克，橘子汁 100 克

辅料 橙皮 5 克，蒜末 5 克，孜然粉 1 茶匙，胡椒粉 1 茶匙，红糖 1 勺，生抽 1 勺，蚝油 1 勺，料酒 1 勺，蜂蜜 1 勺

制作

1. 将小排洗净，沥干备用；
2. 取一个碗，将孜然粉、胡椒粉、红糖、生抽、蚝油、料酒、蒜末和橘子汁一起放入，搅拌均匀；
3. 将小排放进碗中，腌制 2 小时；
4. 取一个锡纸碗，将腌好的小排整齐码在碗中，将橙皮切成小丁，放在小排上；
5. 空气炸锅 180℃烤 8 分钟；
6. 拉出炸篮，在小排表面涂上蜂蜜，180℃再烤 8 分钟；
7. 盛出即可。

如果觉得橙皮味道不够浓郁，可以在刷蜂蜜的时候淋上一点橙汁。

照烧鸡胸肉

🕐 16 分钟

🌡 165℃

主料　鸡胸 1 块

辅料　盐 1 勺，五香粉 1 勺，生抽 3 勺，蜂蜜 5 勺，料酒 3 勺

制作

1　鸡胸洗净，用小刀扎洞；

2　把盐均匀涂抹在鸡胸肉上；

3　将料酒、生抽、五香粉和蜂蜜混合，均匀涂抹在鸡胸上，用食品保鲜袋将鸡胸和酱料扎紧，排出空气，冰箱冷藏一晚；

4　空气炸锅 165℃烤 10 分钟；

5　取出鸡胸，两面涂蜂蜜，165℃再烤 6 分钟；

6　盛出即可。

T I P S

用小刀扎洞可使鸡肉更加入味。

100

午餐肉土豆串

🕐 16 分钟

🌡 180°C

主料 午餐肉半盒，土豆 2 个，西蓝花 2 朵

辅料 烧烤料 1 勺

制作

1　将午餐肉切成条状，备用；

2　将土豆去皮，切成条，洗净后沥干，备用；

3　用竹签将午餐肉和土豆隔着穿好；

4　将食材放入炸篮中，空气炸锅 180°C烤 8 分钟；

5　拉出炸篮，将食材翻面，再烤 8 分钟；

6　取出，点缀上焯熟的西蓝花，撒上烧烤料即可。

生土豆穿串时容易开裂，一定要小心。

奥尔良烤翅

- ⏱ 21分钟
- 🌡 200℃

主料	鸡翅中 8 个
辅料	奥尔良腌料 35 克

制作

1. 将鸡翅中洗干净，沥干水分；
2. 用签子在翅中上扎孔，倒入腌料，抓拌均匀；
3. 盖上保鲜膜放入冰箱冷藏，腌制 4 小时以上；
4. 空气炸锅 200℃预热 5 分钟，放入翅中烤制 8 分钟；
5. 翻面，200℃再烤制 8 分钟；
6. 盛出即可。

TIPS

鸡翅烤 8 分钟翻面的时候可以刷一些蜂蜜，味道会更香甜。

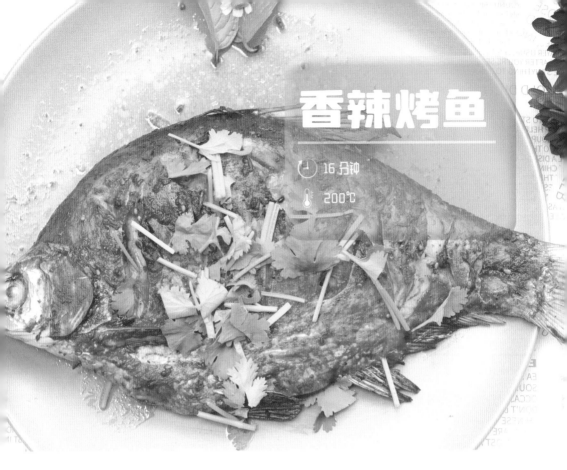

香辣烤鱼

🕐 16 分钟

🌡️ 200℃

主料　武昌鱼 1 条

辅料　香菜 2 根，烧烤料 2 勺，蒜蓉辣酱 1 勺，蚝油 1 勺，生抽 2 勺，料酒 2 勺

制作

1　将武昌鱼洗净，香菜切末，备用；

2　取一个盘子，将除了香菜的所有辅料放入盘中，混合搅拌；

3　将调好的料汁均匀涂抹在鱼的表面；

4　将腌好的武昌鱼包裹在锡纸中，空气炸锅 200℃烤 8 分钟；

5　取出炸篮，翻面，200℃再烤 8 分钟；

6　撒上切好的香菜末，盛出即可。

为了能够更入味，可以将鱼腹的内部也涂抹上料汁。

培根
金针菇卷

🕐 16 分钟

🌡 180℃

主料　生培根 10 片，金针菇 1 把

辅料　盐 1 勺，糖 1 茶匙，烧烤料 1 勺，料酒 1 勺，生抽 2 勺，蚝油 1 勺

制作 ────

1　将生培根取出，化冻后备用；

2　将金针菇洗净，去掉根部，撕开备用；

3　取一个碗，将生培根和料酒、生抽、蚝油、盐和糖放在一起，搅拌均匀；

4　腌制 30 分钟；

5　用培根将金针菇包裹起来，用牙签穿好串，放入炸篮中；

6　空气炸锅 180℃烤 8 分钟；

7　翻面，180℃再烤 8 分钟；

8　出锅，蘸着烧烤料食用即可。

T I P S

如果用熟培根，可以将金针菇先焯水，做成半熟状，再卷好培根，用空气炸锅 180℃烤 5 分钟。

104

五香烤猪肝

⏱ 18 分钟

🌡 180℃

主料	猪肝 1 个
辅料	生抽 2 勺，蚝油 1 勺，食盐 1 勺，糖半勺，五香粉 1 勺，料酒 1 勺

制作

1　猪肝清洗后用盐水浸泡半小时；

2　捞出后放料酒、生抽、蚝油、糖、五香粉，轻搓 5 分钟；

3　放入空气炸锅，表面刷油，180℃烤 18 分钟；

4　出锅后，切片食用即可。

如果喜欢吃辣，可以蘸一些烧烤干料或蒜蓉辣酱。

川味肥牛金针菇

🕐 18 分钟

🌡 180℃

主料 肥牛 100 克，金针菇 1 把

辅料 火锅底料 100 克，香菜 2 根

制作

1　将金针菇洗净后沥干，香菜切成末，备用；

2　将肥牛解冻，备用；

3　准备一个锡纸碗，将金针菇放在下面；

4　将火锅底料放在金针菇上面，最上面放上肥牛卷；

5　空气炸锅 180℃烤 18 分钟；

5　出锅，撒上切好的香菜即可。

TIPS

火锅底料的味道足够咸，无须另加调料。

蒜香牛肉粒

🕐 18 分钟

🌡 160~180℃

主料	牛肉 300 克，大蒜一头
辅料	黑胡椒 1 勺，淀粉 1 勺，蚝油 1 勺，生抽 2 勺，料酒 1 勺

制作

1　将牛肉洗净后，切成方粒；

2　取一个碗，加入生抽、蚝油、料酒、黑胡椒和淀粉，抓拌均匀；

3　腌制 20 分钟左右，令食材入味；

4　把蒜剥好，备用；

5　将锡纸平铺，放入空气炸锅中，放入蒜，空气炸锅 160℃烤 3 分钟，先把蒜烤香；

6　放入牛肉粒，空气炸锅 180℃，烤 7 分钟；

7　翻拌均匀，让牛肉粒受热均匀，空气炸锅 180℃再烤 8 分钟；

8　盛出即可。

本菜品无须额外放盐，放盐会让牛肉出水。

柠檬蒜香鸡翅

🕐 20 分钟

🌡 180℃

主料　鸡翅 6 个，柠檬 6 片

辅料　蒜 2 瓣，盐 1 勺，黑胡椒 1 茶匙，蜂蜜 1 勺，生抽 2 勺，老抽半勺，蚝油 1 勺

制作 ——————————————————————

1　鸡翅洗净，两面划斜刀，沥干水分；

2　加入所有辅料并翻拌均匀，盖上保鲜膜，放冰箱腌制 1 个小时；

3　铺上柠檬，把腌制好的鸡翅放入空气炸锅中，180℃烤 10 分钟；

4　打开翻面，再继续烤 10 分钟；

5　盛出即可。

TIPS

大家可以根据自己的喜好调节温度，以控制鸡翅表皮的焦脆程度。

酥脆薯片鸡翅

🕐 20 分钟

🌡 170℃

主料　鸡翅中 6 个，薯片 120 克
辅料　鸡蛋 2 个，蜜汁烤翅腌料 30 克，玉米淀粉 50 克
制作

1　鸡翅中泡去血水，捞出，用厨房用纸吸干水分，两面划刀，这样便于腌制入味；
2　倒入蜜汁烤翅腌料，抓拌均匀；
3　盖上保鲜膜，放入冰箱冷藏腌制 6 小时，这样鸡翅中才能入味；
4　将薯片用擀面杖碾碎，备用；
5　鸡翅中先裹上一层玉米淀粉，再裹一层蛋液，最后再裹一层薯片碎；
6　铺一张硅油纸在空气炸锅的炸篮里，再把鸡翅中摆放好；
7　空气炸锅 170℃烤 20 分钟；
8　盛出即可。

TIPS

如果换成普通烤箱，可 180℃烘烤 25 分钟左右，但制作中需要翻面。

香甜菠萝鸡翅

🕐 20 分钟

🌡 180℃

主料　鸡翅 6 个，菠萝 6 片

辅料　蒜 2 瓣，盐 1 勺，黑胡椒 1 茶匙，孜然粉 1 茶匙，料酒 1 勺，蜂蜜 1 勺，生抽 2 勺，老抽 1 勺，蚝油 1 勺

制作

1　鸡翅洗净，两面划斜刀，沥干水分；

2　将鸡翅倒入辅料中，腌制 1 小时；

3　把腌制好的鸡翅放入空气炸锅中，鸡翅上摆上菠萝片；

4　空气炸锅 180℃烤 10 分钟；

5　取出翻面，再烤 10 分钟；

6　盛出即可。

TIPS

烤好的鸡翅汁水充盈，食用时注意不要烫伤。

低卡辣子鸡

🕐 23 分钟

🌡 180℃

主料 鸡腿肉 300 克

辅料 干花椒 2 勺，干辣椒 30 根，白胡椒 1 茶匙，葱姜蒜 10 克，淀粉 1 勺，盐 1 勺，糖 1 茶匙，油 1 勺，米酒 1 勺，酱油 1 勺，

制作

1. 将鸡腿肉切成小块；
2. 把切好的鸡肉放入碗或者保鲜袋中，加入淀粉、米酒、盐、白胡椒、酱油、糖及葱姜蒜等腌料，用手抓匀，腌制 10~30 分钟；
3. 空气炸锅 180℃预热 3 分钟，在炸篮里喷上一些油，放入腌制好的鸡肉，烤制 20 分钟；
4. 每 6 分钟翻动一下鸡肉，并且观察一下食材的状态；
5. 起锅烧油，加入花椒与干辣椒段，炒制出香味；
6. 加入炸好的鸡肉，大火翻炒；
7. 撒白糖，翻炒均匀即可出锅。

在辣子鸡中可以加蔬菜，只要是出水少的蔬菜都可以炒进去。

麻辣鸡丝

⏱ 20 分钟

🌡 130℃

主料	鸡胸肉 250 克
辅料	大葱 1 小段，盐 1 勺，花椒几粒，盐焗鸡粉 1 勺，辣椒粉 1 勺，烧烤料 2 勺，辣椒油 1 勺，蚝油 1 勺，生抽 1 勺，料酒 1 勺

制作 ——————————————————————

1　锅中烧水，放入洗净的鸡胸肉、切好的葱段和料酒，将鸡胸肉煮熟；

2　准备一盆清水，鸡胸肉煮熟后放入清水中浸泡冷却；

3　将鸡胸肉撕成粗细均匀的鸡丝备用；

4　调酱汁：碗里加入盐、花椒、盐焗鸡粉、辣椒油、蚝油、生抽、辣椒粉和烧烤料，搅拌混合；

5　将酱汁倒入鸡丝中搅拌均匀，腌制半小时；

6　腌制完毕后，放入炸篮中均匀铺开；

7　空气炸锅 130℃烤 10 分钟；

8　用筷子翻动食材，130℃再烤 10 分钟；

9　装盘即可。

T I P S

1. 鸡丝不要撕太细，容易烤煳，吃起来没嚼劲；

2. 料汁可以尝一下味道，不够辣，可多放点辣椒粉。

五香酥带鱼

🕐 20 分钟

🌡 200℃

主料　带鱼 500 克

辅料　姜 2 片，烧烤料 2 勺，黄酒 4 勺

制作 —————————————————

1　挑选新鲜的带鱼，洗干净并擦干表面水分；

2　加入黄酒、生姜和烧烤料，将带鱼段腌制 1 小时；

3　放入空气炸锅，200℃烤 10 分钟，翻面后再烤 10 分钟；

4　盛出即可。

TIPS

可依据自己喜好调配蘸料，搭配蘸料吃更美味。

炸小酥肉

⏱ 20 分钟

🌡 180℃

主料 里脊肉 500 克，淀粉 2 勺，面粉 4 勺，鸡蛋 2 个

辅料 花椒 1 勺，白胡椒粉 1 茶匙，生抽 1 勺，料酒 1 勺，蚝油 1 勺，油 1 勺

制作

1　将花椒炒熟碾碎，备用；

2　将里脊肉切成条，分别加入生抽、料酒、蚝油、白胡椒粉和花椒碎，搅拌均匀腌制半小时，备用；

3　准备一个空碗，放入淀粉、面粉、鸡蛋液、花椒粉、油和水，搅拌成面糊；

4　把肉条放入面糊中，让肉条均匀裹上面糊；

5　将硅油纸放入空气炸锅中，喷上油；

6　再将裹好面糊的肉条放入空气炸锅中（中间留空隙）；

7　空气炸锅 180℃烤 15 分钟后翻面，刷上少许油，再烤 5 分钟；

8　盛出即可。

TIPS

可蘸烧烤料食用。

114

麻辣香

⏱ 23 分钟

🌡 200°C

主料 各种火锅丸子 200 克，蟹棒 50 克，西蓝花 50 克，菜花 50 克，彩椒 40 克，
豆皮 20 克

辅料 火锅底料 1 小块，芝麻 5 克，小葱 2 根

制作 ─────────────────────────────

1　将火锅丸子和蟹棒取出化冻；

2　将西蓝花、菜花、彩椒洗净，切好备用，豆皮切成条；

3　放入空气炸锅专用纸，将所有食材及火锅底料依次放入锅中；

4　空气炸锅 200°C 烤 8 分钟，将火锅底料融化；

5　将融化的火锅底料与食材拌匀，200°C继续加热 15 分钟；

6　出锅前，撒上芝麻和切碎的小葱即可。

如果想加入其他蔬菜，一定要选择出水少的菜品。

山药虾滑饼

⏱ 25 分钟

🌡 180℃

主料	虾滑 150 克，山药 150 克
辅料	盐 1 勺，白胡椒粉 1 茶匙

制作

1. 山药洗净，去皮，切成山药碎；
2. 虾滑解冻后放入碗中，加入山药碎、盐和白胡椒粉，团成球，按压成饼；
3. 空气炸锅 180℃烤 15 分钟，翻面后再烤 10 分钟；
4. 盛出即可。

TIPS

1. 如果对山药过敏，注意戴上手套操作；
2. 根据个人口味可将山药换成荸荠。

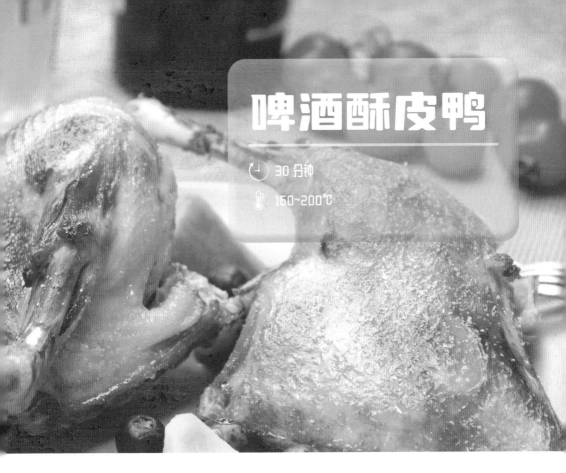

啤酒酥皮鸭

🕐 30 分钟

🌡 160~200℃

主料 樱桃谷鸭或半片鸭

辅料 姜 1 小块，盐 2 勺，料酒 2 勺

制作 ————————————————————————————

1　樱桃谷鸭或半片鸭，自然解冻，洗净；

2　将鸭子下冷水煮熟，沸腾后，加入料酒和姜块，转中小火，煮 45 分钟到一小时左右，等筷子能轻松插入即可；

3　稍凉后捞出鸭子，在鸭子身上和肚子里涂抹盐并稍加按摩，放在通风处晾半天，等鸭子基本干燥；

4　空气炸锅 160℃烤 15 分钟；

5　转 200℃再烤 15 分钟；

6　最后 5 分钟多观察一下，等到鸭皮金黄，滋滋冒油，盛出即可。

> TIPS
>
> 制作的过程中无须一滴油，最后烤出来的鸭子还会冒油，吃起来也是香酥可口。

脆皮五花肉

⏱ 30 分钟

🌡 200℃

主料 五花肉 1 条

辅料 葱 5 克，姜 3 片，盐 1 勺，五香粉 1 勺，孜然粉 1 勺，糖 1 勺，辣椒面 1 勺，料酒 3 勺，白醋 1 茶匙，生抽 2 勺，老抽 2 勺

制作

1. 五花肉洗净，用刀刮去表皮上的皮脂，加姜、葱、料酒下锅焯水；
2. 给五花肉切花刀，不要切断，肉皮用牙签扎上洞；
3. 把辣椒面、五香粉、孜然粉、糖、生抽、老抽调成料汁，涂抹在五花肉表面，注意切口的地方也要抹，肉皮不抹；
4. 包上锡箔纸，将肉皮露出来，肉皮上先刷白醋，之后再涂抹一层盐；
5. 空气炸锅 200℃，烤制 20 分钟；
6. 取出后去掉锡箔纸，将盐剥落下来，在肉皮上再刷一次白醋，200℃ 再烤 10 分钟；
7. 出锅，撒上辣椒面和葱花。

TIPS

涂抹盐后的五花肉容易烤糊，剥掉锡纸后需要多观察烤制状态。

可口又美味
的主食

西蓝花海苔烤饭团

🕐 5分钟

🌡 180℃

主料 熟米饭 300 克，西蓝花 50 克，肉松 20 克

辅料 胡萝卜 1/4 根，海苔 2 片，芝麻 1 茶匙，盐 1 勺，生抽 1 勺，食用油 1 勺

制作

1. 西蓝花放入开水中焯 1~2 分钟；

2. 沥干水分后，切成粒；

3. 把西蓝花加入煮好的米饭里，加入肉松和食用油，放入胡萝卜碎、海苔碎、芝麻、盐和生抽，把米饭拌匀；

4. 用手将米饭团成团，空气炸锅 180℃烤 5 分钟，出锅即可。

TIPS

如果喜欢吃火腿，也可以加入一些火腿丁。

蟹柳滑蛋

🕐 8 分钟

🌡 180℃

主料	鸡蛋 3 个，蟹柳 5 根
辅料	葱 2 段，洋葱 10 克，盐 1 勺，黑胡椒 1 茶匙，生抽 1 勺

制作

1　将蟹柳撕成细条，备用；

2　在锡纸碗中打入 3 个鸡蛋，加入生抽和黑胡椒，打散；

3　把鸡蛋搅拌均匀后放入蟹柳丝，再搅拌几下；

4　将锡纸碗放入空气炸锅炸篮中，180℃烤 8 分钟；

5　取出，撒上切好的葱花和洋葱丁即可。

tips

如果喜欢吃奶味，可以加入半袋牛奶。

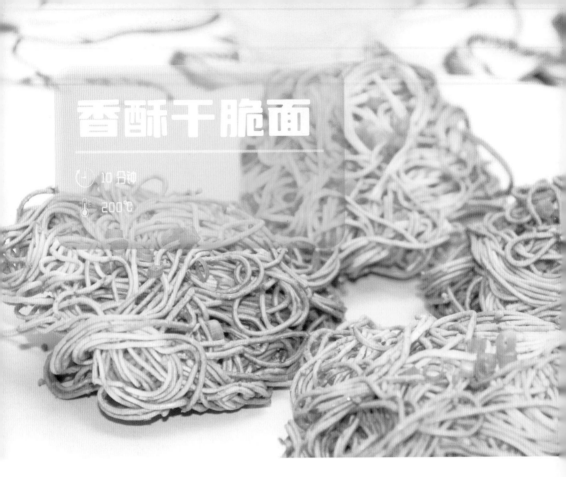

香酥干脆面

🕐 10 分钟

🌡 200℃

主料 挂面 150 克

辅料 五香粉 1 勺，孜然粉 1 勺，生抽 1 勺

制作 ─────────────

1 起锅烧水，水开后把面条放入锅里，煮 3~4 分钟；

2 捞出面条，加入生抽、孜然粉和五香粉，拌匀；

3 将面条放入炸篮，团成团或平铺均可；

4 空气炸锅 200℃，烤制 10 分钟；

5 取出即可。

TIPS

喜欢吃辣味，可以加入辣椒粉或黑胡椒汁。

韭菜合子

🕐 10 分钟

🌡 200℃

主料　面粉 500 克，粉条 150 克，韭菜 400 克，鸡蛋 5 个

辅料　生姜末 10 克，盐 3 勺，胡椒粉 1 茶匙，五香粉 1 勺，油 2 勺，香油 1 勺，蚝油 2 勺

制作

1　取 500 克面粉，加入 2 勺油、1 勺盐，混合均匀，加入开水烫面，再加入温水，揉成稍软的面团，盖上保鲜膜，醒五分钟再快速揉，揉光滑后盖上保鲜膜，醒面一个小时；

2　粉条温水泡软，煮熟切碎；

3　韭菜洗净切碎；

4　将鸡蛋打散，加入 1 勺盐，热油炒碎，冷却后放入韭菜中，加入粉条碎、蚝油、生姜末、胡椒粉、五香粉、盐和香油，拌匀；

5　案板撒薄粉，取一点面，搓长条，切剂子，按扁，擀成圆皮，放上馅儿，包成圆形或半圆形；

6　在空气炸锅中垫上锡箔纸，放入韭菜合子；

7　在韭菜合子表面刷油，200℃烤 7 分钟，翻面，刷油，再烤 3 分钟；

8　盛出即可。

TIPS

　　烫面做的饼皮，柔软还有韧性，不易破。也可以用凉水和面，但是口感会比较硬。

芝士火鸡面

⏲ 10分钟

🌡 160℃

主料　火鸡面一包

辅料　鸡蛋 1 个，火腿肠 2 根，芝士 1 把，葱花 10 克

制作

1　起锅烧水，水开后下入火鸡面面饼，煮熟盛出备用；

2　将火鸡面放入锡纸碗中，加入火鸡辣酱，拌匀；

3　将芝士撒在火鸡面上；

4　将火腿肠切成小段，平铺在面上，再打入一个鸡蛋；

5　将锡纸碗放入空气炸锅中，160℃烤 10 分钟；

6　取出，撒上火鸡面中自带的紫菜碎即可。

TIPS

火鸡面味道辛辣，可以配牛奶食用。

意式焗肉酱饭

🕐 10 分钟

🌡 180℃

主料　米饭 1 人份，洋葱半个，小番茄 8 颗，胡萝卜小半个，牛肉馅 50 克

辅料　芝士碎 1 把，黄油 1 小块，番茄酱 2 勺，黑胡椒 1 勺，淀粉 1 勺，盐 1 勺

制作

1　起锅，下入黄油，融化后将牛肉馅炒熟，盛出备用；

2　将洋葱、胡萝卜洗净后切成小丁，备用；

3　锅中下入番茄酱，加入淀粉勾芡；

4　加入菜丁和牛肉馅，翻炒半分钟，盛出备用；

5　将焖好的米饭放入碗中，炒好的肉酱盖在上面，盖一层厚厚的芝士碎，
　　小番茄切开放在边上；

6　空气炸锅 180℃烤 10 分钟；

7　盛出即可。

tips

　　如果用现成的意式肉酱，需要先把馅料炒熟，再与酱汁混合。

土家掉渣饼

🕐 15 分钟

🌡 200℃

主料　面粉 250 克，肉馅 150 克，即发干酵母 3 克

辅料　葱花 1 小把，白芝麻 1 勺，糖 10 克，玉米油 10 克，清水 50 克

制作

1. 将糖、玉米油、清水和面粉混合，加入干酵母，揉成面团，醒 30 分钟；
2. 将发酵好的面团放在案板上，按压后平均分成 4 份；
3. 取一份擀成厚约 0.5 厘米的大饼；
4. 将饼铺到炸篮内，用叉子扎上小眼，避免烤的时候饼身鼓起来；
5. 将准备好的肉馅均匀铺到饼身上；
6. 撒上葱花和白芝麻，空气炸锅 200℃预热 3 分钟，再烤 12 分钟左右，出锅即可。

TIPS

1. 土家掉渣饼的饼身要烤到酥脆才好吃，所以要擀薄一些，同时要用 200℃以上的高温烘烤。

2. 烘烤之前在饼表面刷上蛋黄，可以让饼身呈金黄色，口感更佳。

脆香红薯饼

🕐 15 分钟

🌡 180℃

主料　红薯 2 个

辅料　鸡蛋 1 个，面粉 2 勺，糖 1 勺，黑芝麻 1 勺

制作

1　将红薯洗净，去掉表皮，备用；

2　将去皮的红薯切成 1 厘米左右的小丁；

3　取一个碗，将面粉、红薯丁、鸡蛋和糖放入碗中，搅拌均匀；

4　在炸篮中铺好硅油纸，将红薯丁压成饼状放于纸上，撒上黑芝麻；

5　空气炸锅 180℃烤 15 分钟；

6　取出装盘。

TIPS

用蜂蜜代替糖也是不错的选择。

太阳蛋
手抓饼

🕐 15 分钟

🌡 180℃

主料　手抓饼 1 个，火腿肠 1 根，鸡蛋 1 个

辅料　沙拉酱 1 勺，芝士碎 1 小把

制作 ────────────

1　将手抓饼解冻，备用；

2　将手抓饼摊开，涂抹上沙拉酱；

3　将火腿肠从中间切开，再对半切开，一分为四，在手抓饼中摆出一个正方形；

4　将手抓饼边沿着火腿肠的边折好；

5　在手抓饼中间打上一个鸡蛋，不用划散，再撒上一小把芝士碎；

6　空气炸锅 180℃烤 15 分钟；

7　取出装盘。

TIPS

用番茄酱代替沙拉酱也很美味。

懒人焖面

🕐 15 分钟

🌡 180℃

主料　切面 300 克，四季豆 1 小把，彩椒 20 克，五花肉 50 克
辅料　盐 1 勺，油 1 勺，陈醋 1 勺，生抽 1 勺，蚝油 1 勺
制作 ────────────────────────────

1　将四季豆与彩椒洗净，四季豆去掉头尾，彩椒切条，备用；

2　五花肉洗净，切成大片；

3　起锅烧水，水开后下入切面，煮 2 分钟捞出，沥干；

4　将辅料混合倒入面条中，抓拌均匀；

5　在炸篮中铺好锡纸，将面条与五花肉、四季豆、彩椒一起放入锡纸
　　中包好，空气炸锅 180℃烤 15 分钟；

6　取出装盘。

TIPS

1. 胡萝卜丝也是不错的配菜选择；

2. 放入锡纸中时，五花肉可以铺在面条上，更容易受热。

手抓饼版肉饼

🕐 15 分钟

🌡 180℃

主料　肉馅 200 克，手抓饼 2 个

辅料　葱半根，盐 1 勺，糖 1 小勺，五香粉 1 勺，胡椒粉 1 勺，黑芝麻 1 茶匙，香油 1 勺，蚝油 1 勺，生抽 1 勺，老抽 1 勺

制作

1　在肉馅中加入切好的葱花，再加入所有辅料，搅拌均匀；

2　手抓饼对半切，将肉馅包入其中；

3　压成馅饼的形状；

4　空气炸锅 180℃烤 10 分钟，翻面，180℃再烤 5 分钟；

5　出锅撒上黑芝麻即可。

TIPS

1. 如果不喜欢葱味，也可以不加葱；

2. 如果想吃牛肉馅，可以试着搭配洋葱。

软炸茄盒

⏱ 21 分钟

🌡 180~200℃

主料 长茄子 2 个，肉馅 200 克，淀粉、面粉各 50 克，鸡蛋 2 个

辅料 葱姜末 10 克，盐 2 小勺，五香粉 1 勺，油 1 勺，酱油 1 勺，料酒 1 勺，香油少许

制作

1. 把肉馅放在碗里，放酱油、葱蒜末、五香粉和料酒，搅拌均匀；
2. 将茄子洗干净，切的时候注意第一刀不要切到底，第二刀切到底；
3. 淀粉、面粉 1:1 混合，打入一个鸡蛋，加两勺白开水搅匀；
4. 茄盒裹满蛋液；
5. 空气炸锅 200℃预热 5 分钟，将裹满蛋液的茄盒双面刷点油，180℃烤 8 分钟后翻面，继续烤 8 分钟；
6. 盛出即可食用。

tips

注意最好用煎鱼盘来炸，这样不会有油或蛋液滴漏。

素食花环比萨

🕐 20 分钟

🌡 180℃

主料 手抓饼 2 张，鸡蛋黄 1 个

辅料 芝士碎 30 克，蔬菜粒 50 克，黑芝麻 1 勺，番茄沙司 2 勺，番茄辣酱 2 勺

制作 ─────────

1　将手抓饼解冻，把两张饼叠加后按压一下；

2　中间放上一个杯子，边上挤好番茄沙司和辣酱；

3　将酱汁刷均匀；

4　铺上一层芝士，再铺一层焯好水的蔬菜粒，再铺一层芝士；

5　拿掉杯子，中间会印出一个圆形的印子，将圆印子八等分切开；

6　全部向外包起来，让每一个小三角都包在外环上，手抓饼此时呈现出中空的圆环形状；

7　刷蛋黄液，撒上黑芝麻；

8　空气炸锅 180℃烤 20 分钟，出锅即可。

TIPS

如果喜欢吃火腿，也可以加入一些火腿丁。

简单又精致的甜品

果仁烤
棉花糖

🕐 5 分钟

🌡 180℃

主料	棉花糖 1 袋
辅料	各种果仁 1 小把

制作

1　将棉花糖放进空气炸锅的炸篮中；

2　空气炸锅 180℃烤 3 分钟；

3　拉出炸篮，把烤焦的一面放到底下，翻个面继续烤，这个时候在棉花糖上放上准备好的果仁；

4　空气炸锅 180℃再烤 2 分钟；

5　取出即可。

TIPS

一定要趁着棉花糖热的时候把果仁放上去。

芝士焗红薯

🕐 8 分钟

🌡 170℃

主料	红薯 1 个
辅料	炼乳 1 勺，芝士碎 20 克
制作	

1　将红薯洗净；

2　在红薯外裹上一层锡纸，对半切开；

3　将芝士碎和炼乳混合后放在红薯上；

4　空气炸锅 170℃烤 8 分钟；

5　盛出即可。

TIPS

1. 烤到一半时，可以拉出炸篮观察一下，避免芝士流出去；

2. 加入蜂蜜，味道也十分香甜。

甜玉米烙

⏱ 10 分钟

🌡 180℃

主料　玉米粒 1 小碗，生粉 5 勺

辅料　糖 10 克，奶粉 20 克，食用油 20 克

制作

1. 取煮好后的甜玉米粒，沥干水；
2. 把玉米粒和生粉及少许糖混合均匀；
3. 在硅油纸上摊一层玉米糊，放入炸锅；
4. 空气炸锅 180℃烤 5 分钟取出，刷油；
5. 再用 180℃烤 5 分钟，取出；
6. 撒上一层奶粉，即可食用。

TIPS

1. 煮玉米的水不要倒掉，很清甜，可以直接喝；
2. 如果喜欢，也可以加入一些胡萝卜丁和豌豆粒。

糯叽叽双薯小方

🕐 10 分钟

🌡 180℃

主料 红薯 1 个，紫薯 1 个，糯米粉 150 克
辅料 糖 1 勺
制作 ────────────────

1 红薯与紫薯洗净后剥皮，隔水蒸 25 分钟；
2 将红薯和紫薯各自捣烂，加入糖搅拌均匀；
3 分别倒入糯米粉，红薯与糯米粉的比例为 3:2，紫薯同上；
4 将加入糯米粉的薯泥揉搓到表面光滑，捏成小方块；
5 空气炸锅 180℃烤 10 分钟，中间翻面一次；
6 盛出装盘，即可食用。

TIPS

隔水蒸红薯和紫薯的时候,可以用筷子戳一戳,筷子戳得进去即可出锅。

137

香甜炸香蕉

🕐 10 分钟

🌡 180℃

主料 香蕉 1 根，鸡蛋 1 个

辅料 面粉 4 勺，面包糠 4 勺，食用油 1 勺

制作

1. 香蕉切段，鸡蛋打散；
2. 将香蕉在面粉里滚一下，抖掉多余面粉；
3. 再放入鸡蛋液中滚一下，均匀裹上鸡蛋液；
4. 接着放入面包糠里，均匀裹满面包糠；
5. 在空气炸锅中刷上一层油，把食材放入空气炸锅，180℃炸 5 分钟；
6. 翻面再炸 5 分钟；
7. 取出晾凉，装盘即可。

TIPS

面包糠有许多种味道，一定要用甜口的，如果用椒盐的，味道会很怪。

南瓜糯米饼

🕐 10 分钟

🌡 170℃

主料	贝贝南瓜 1 个，糯米粉 80 克
辅料	糖 2 勺，黑芝麻 1 茶匙

制作 ────────────

1　起锅烧水，将南瓜蒸熟；

2　把蒸熟的南瓜碾碎成南瓜泥，加入糯米粉和糖，搅拌均匀；

3　揉成南瓜糯米团后，分成小剂子；

4　在空气炸锅中铺上硅油纸，将小剂子按平在纸上，撒上黑芝麻；

5　空气炸锅 170℃烤 5 分钟；

6　翻面，170℃再烤 5 分钟；

7　出锅即可。

TIPS

如果喜欢豆沙口味，也可以在南瓜糯米团中包入豆沙馅。

香甜菠萝派

🕐 15 分钟

🌡 180℃

主料　菠萝半个，淀粉 1 勺，蛋黄 1 个，蛋挞皮 5 个

辅料　黄油 20 克，糖 1 勺，黑芝麻 1 茶匙，淀粉水 10 克

制作

1　菠萝去皮切小块；

2　黄油小火融化，放入菠萝，加入糖熬煮；

3　熬煮 5 分钟后倒入水淀粉，煮至黏稠，放凉备用；

4　用蛋挞皮包适量的菠萝馅；

5　刷上蛋黄液，撒上黑芝麻；

6　空气炸锅 180℃烤 10 分钟，翻面再烤 5 分钟；

7　盛出即可。

TIPS

1. 菠萝馅一定要放凉再包，不然皮会破；

2. 蛋挞皮一定要趁冷冻的时候取下锡纸，否则解冻之后皮容易破。

巧克力流心布朗尼

🕐 15 分钟

🌡 170℃

主料 黑巧克力 70 克，鸡蛋 1 个，低筋面粉 55 克，每日坚果 1 包

辅料 糖 40 克，黄油 65 克，盐半茶匙，速溶黑咖啡粉 2 克，模具

制作

1　隔水融化黄油和黑巧克力，直到能搅动，关火搅拌；

2　糖、面粉、盐和黑咖啡放在一个碗里，分三次加入黑巧克力和黄油的混合物；

3　搅拌均匀后，分三次倒入打散的鸡蛋液，继续搅拌至均匀；

4　将混合后的液体倒入模具中，用刮刀刮平表面，然后倒入坚果，搅动均匀，再抹平表面；

5　空气炸锅 170℃烤 15 分钟，中间不需要任何操作；

6　取出后冷却至室温，就可以切开吃了！

TIPS

1. 入模要快，一定要预先准备好模具并铺上烘焙纸，不然在操作的过程中会很仓促；

2. 鸡蛋液不容易融合，多搅一会儿就好了。

烤年糕

🕐 15 分钟

🌡 180℃

主料 年糕 200 克

辅料 烧烤料 1 勺，番茄酱 1 勺，食用油 1 勺，蚝油 1 勺，生抽 1 勺

制作

1 将准备好的年糕解冻，均匀刷上油；

2 放入空气炸锅中 180℃烤 10 分钟；

3 空碗中分别加入烧烤料、番茄酱、生抽和蚝油，搅拌均匀，备用；

4 在烤好的年糕上均匀刷上调制好的酱料；

5 再放入空气炸锅中 180℃烤 5 分钟；

6 盛出即可。

TIPS

烤好的年糕不刷酱，刷蜂蜜味道一样很好吃。

蓝莓酸奶格格

🕐 15 分钟

🌡 180℃

主料　鸡蛋 1 个，蓝莓 10 颗，吐司 2 片，酸奶 100 毫升

辅料　炼乳 10 克

制作

1　将鸡蛋打碎后取出蛋黄；

2　将蛋黄打入酸奶中，搅拌均匀，再加入一些炼乳；

3　将吐司切成四等份，用勺子在面包片中间按压一下；

4　将酸奶倒入吐司中，上下两片扣好；

5　将酸奶吐司放入空气炸锅炸篮中，摆上蓝莓，180℃烤 15 分钟；

6　取出即可。

TIPS

如果您在控糖阶段，可以不放炼乳，加入一些生粉混入酸奶即可。

巧克力
燕麦蛋糕

🕐 15 分钟

🌡 180℃

主料 燕麦 120 克，香蕉 2 根，巧克力粉 15 克，鸡蛋 1 个，牛奶多半袋

辅料 泡打粉 3 克，巧克力碎 10 克，糖 2 勺

制作 ───────────────────────────

1. 将香蕉剥皮，捣成泥备用；

2. 将燕麦、巧克力粉、泡打粉、糖和牛奶混合，加入香蕉泥中，搅拌均匀；

3. 将鸡蛋打入，搅拌均匀；

4. 将香蕉燕麦糊糊倒入碗中，加入巧克力碎；

5. 空气炸锅 180℃烤 15 分钟；

6. 盛出即可。

TIPS

如果想让成品更诱人，可以撒上少许糖。

15 分钟

180℃

主料　低筋面粉 150 克

辅料　鸡蛋 1 个，泡打粉 1 勺，糖 1 勺，盐 1 茶匙，咖啡粉 1 勺，黄油 40 克，
牛奶半袋

制作

1　将低筋面粉、泡打粉、糖、盐和咖啡粉混合在一起，搅拌均匀；

2　加入室温融化好的黄油，再次搅拌；

3　在搅拌好的糊糊中加入蛋奶液，少量多次加入；

4　搅拌均匀后，揉成饼状，在冰箱中冷藏 20 分钟；

5　切成 6 份，空气炸锅 180℃烤 10 分钟；

6　拉出炸篮，翻面再烤 5 分钟；

7　盛出即可。

咖啡粉换成巧克力粉味道也很好。

南瓜巧克力流心球

🕐 15 分钟

🌡 160℃

主料 南瓜 100 克，糯米粉 100 克

辅料 鸡蛋 1 个，糖 2 勺，巧克力 40 克，黑芝麻 1 茶匙，油 1 勺

制作 ——————————————————————————

1. 将南瓜洗净后去皮蒸熟，打成糊糊；
2. 糯米粉中加入糖和南瓜糊，揉成面团；
3. 将揉好的面团分成一个个小剂子；
4. 将巧克力放入小剂子中间，然后将其包起来揉成面球；
5. 将做好的面球放入空气炸锅中，喷少许油，撒上黑芝麻；
6. 空气炸锅 160℃烤 5 分钟；
7. 拉出炸篮，给面球刷上蛋液，160℃再烤 10 分钟；
8. 取出即可。

TIPS

巧克力夹心很烫，入口时一定要注意安全。

坚果泡泡云

15 分钟

160℃

主料 鸡蛋 3 个

辅料 坚果碎 20 克，淀粉 1 勺，糖 2 勺

制作

1. 将鸡蛋取出蛋白；
2. 用打蛋器打发蛋白，分三次把糖加进去，打发到有些许硬挺的状态；
3. 加入淀粉继续打发 10 秒钟；
4. 空气炸锅铺上硅油纸，将云朵状的泡沫放在纸上，装点上坚果碎；
5. 空气炸锅 180℃烤 15 分钟；
6. 取出即可。

1. 如果不加淀粉，就需要打发的时间再久一些；
2. 不要添加液体配料，否则泡泡云会化掉。

奶香酥挞

⏱ 15 分钟

🌡 180℃

主料　低筋面粉 100 克

辅料　鸡蛋 1 个，黄油 50 克，糖 1 勺，黑芝麻 1 茶匙，牛奶半袋

制作

1　用室温软化黄油，备用；

2　在低筋面粉中加入糖、牛奶和蛋黄，搅拌均匀；

3　加入软化好的黄油，再次搅拌；

4　将揉好的面团分成一个个小剂子，捏成"小碗"状；

5　在"小碗"中放入少许黑芝麻；

6　空气炸锅 180℃烤 15 分钟；

7　取出即可。

TIPS

如果换成带味道的牛奶，如哈密瓜奶、香蕉奶等，味道也会很好。

奥利奥
黑森林蛋糕

15 分钟

160℃

主料　奥利奥饼干 13 片
辅料　牛奶 1 袋
制作

1　取 10 片奥利奥饼干，碾碎；
2　将碾碎的饼干放入碗中，加入 1 袋牛奶，搅拌均匀成糊状；
3　在饼干糊表面放上 3 片奥利奥饼干；
4　空气炸锅 160℃烤 15 分钟；
5　出锅即可。

刚做好的蛋糕十分烫，一定要小心食用。

烤汤圆

🕐 17分钟

🌡 160℃

主料	蛋挞皮 6 个，汤圆 6 个
辅料	黑芝麻 1 茶匙，鸡蛋液 1/4 碗

制作

1　将蛋挞皮和汤圆从冰箱中取出，稍作解冻；

2　取一个蛋挞皮，包入汤圆，包紧捏圆，放入蛋挞托中；

3　取一个鸡蛋，留下蛋黄，打成蛋黄液；

4　汤圆表面刷蛋黄液，撒上黑芝麻；

5　空气炸锅 160℃预热 2 分钟，再将食材烘烤 15 分钟；

6　盛出即可。

TIPS

烤过的汤圆软糯烫口，一定要小心食用。

红茶
戚风蛋糕

🕐 17分钟

🌡 180℃

主料	面粉 50 克，鸡蛋 3 个
辅料	红茶 1 勺，黄油 20 克，糖 2 勺，坚果 10 克，牛奶 50 克

制作

1. 将红茶放入空气炸锅中，160℃烤 2 分钟；
2. 将烤好的红茶打碎，备用；
3. 将鸡蛋的蛋清与蛋黄分离；
4. 将牛奶与红茶粉加入蛋黄中，搅拌均匀；
5. 加入室温融化后的黄油，继续搅拌；
6. 将面粉也筛进去，用打蛋器打发；
7. 在蛋清中分三次加入白糖，用打蛋器打发后与蛋黄糊糊混合在一起；
8. 取一个锡纸碗，将糊糊倒入碗中，颠掉气泡，撒入坚果；
9. 空气炸锅 180℃烤 15 分钟，取出即可。

1. 颠气泡的步骤不要省略，否则做出来的蛋糕会有大的气孔；
2. 如果没有打蛋器，可以用筷子快速搅拌。

蓝莓蛋挞

⏱ 18 分钟

🌡 160℃

主料 蛋挞皮 5 个，鸡蛋 2 个，蓝莓 10 颗，牛奶 40 克

辅料 糖 8 克，生粉 3 勺

制作

1　将牛奶和糖小火加热半分钟，搅拌到糖融化；

2　打入 2 个鸡蛋，搅拌均匀，过筛两遍成蛋挞液；

3　空气炸锅 160℃预热 5 分钟，放入蛋挞皮，倒入蛋挞液（不必倒满），
　　烤 5 分钟；

4　取出炸篮，在每个蛋挞上放两颗蓝莓，烤 13 分钟。

5　盛出即可。

TIPS

1. 除了蓝莓，草莓、菠萝、橙子都是不错的选择；

2. 如果掌握不好火候，可以中途取出炸篮观察一下食材情况。

低卡
燕麦蛋挞

🕐 25 分钟

🌡️ 160~180℃

主料 香蕉 1 根，鸡蛋 2 个，燕麦 100 克，牛奶 100 克
辅料 糖 1 勺，烘焙模具
制作

1　香蕉剥皮后切掉两端，碾压成泥；
2　在香蕉泥中加入燕麦和 50 克牛奶，翻拌均匀；
3　把食材放入烘焙模具中，压出小坑，空气炸锅 180℃烤 10 分钟；
4　将两个鸡蛋打散，加糖和牛奶搅拌均匀；
5　将蛋液倒入蛋挞皮中，160℃烤 10~15 分钟，即可食用。

除了香蕉，榴莲也是不错的选择。

153

草莓
酸奶蛋糕

🕐 30 分钟

🌡️ 160℃

主料 玉米淀粉 30 克，鸡蛋 1 个，酸奶 200 克

辅料 糖 30 克，草莓 3 颗

制作 ─────────

1. 将鸡蛋打散，加入酸奶，搅拌均匀；

2. 筛入玉米淀粉，加入糖，搅拌均匀；

3. 倒入烤碗，加入草莓；

4. 空气炸锅 160℃预热 3 分钟，放入烤碗，烤制 30 分钟；

5. 等稍凉了，取出食材，放冰箱冷藏；

6. 成型后即可享用。

TIPS

1. 如果不喜欢草莓口味，蓝莓、橙子、菠萝都是不错的选择；

2. 玉米淀粉一定要过筛后加入酸奶中，这样蛋糕会更松软。

自制随身小零食

低油花生米

⏱ 6 分钟

🌡 180℃

主料　花生 200 克

辅料　盐 1 茶匙，油 1 勺

制作

1　将花生去壳后洗净，沥干水分；

2　将花生盛入碗中，加入油后翻拌均匀；

3　将花生平铺在空气炸锅的炸篮中，注意不要叠加；

4　空气炸锅 180℃烤 6 分钟；

5　取出后放凉；

6　撒少许盐拌匀即可食用。

TIPS

冲洗花生米的目的一是清洁，二是为了成品能够更脆。

香酥吮指
吐司条

主料　吐司 3 片，鸡蛋 2 个
辅料　蜂蜜 1 勺
制作

1　将吐司切成宽 1 厘米左右的长条；
2　碗中打入 2 个鸡蛋，加入蜂蜜，用筷子搅散；
3　将切好的吐司条放入蛋液中，让每一根吐司条都裹满蛋液；
4　空气炸锅内铺好硅油纸，将裹满蛋液的吐司条依次码放进去；
5　空气炸锅 170℃烤 7 分钟；
6　取出翻面，170℃再烤 5 分钟；
7　出锅即可。

请注意，将吐司条放进空气炸锅时不要粘连，要根根分开。

葱香拇指饼

⏱ 12 分钟

🌡 160℃

主料	低筋面粉 150 克，鸡蛋 1 个
辅料	小葱 2 根，黄油 100 克，酵母 1 茶匙，泡打粉 1 茶匙，花椒粉 1 勺，盐 1 勺
制作	

1 将黄油在室温下软化，小葱洗净切成碎段，备用；

2 取一个碗，加入低筋面粉、水、酵母、泡打粉、花椒粉、盐、小葱段，和黄油揉成面团；

3 将揉好的面团醒 10 分钟；

4 将面团分成小剂子，搓成长条；

5 将搓好的长条放入空气炸锅中，刷上蛋黄液，撒上黑芝麻；

6 空气炸锅 160℃烤 12 分钟；

7 出锅即可食用。

TIPS

醒面的步骤一定不要省略，它直接决定了拇指饼的口感。

无油红薯片

⏱ 13 分钟
🌡 180℃

主料　红薯 2 个

辅料　玉米油 2 勺

制作 ——————————————————————————————

1　红薯削皮，切成薄片；

2　把红薯片放入保鲜袋中，加入玉米油，摇晃均匀；

3　将红薯片整齐摆入空气炸锅中，180℃烤 8 分钟，翻面再烤 5 分钟；

4　出锅即可食用。

TIPS ——————————————————————————————

稍微凉一点的时候食用，红薯片是酥的，味道更好。

可可软曲奇

🕐 13~15 分钟

🌡 180℃

主料 低筋面粉 150 克，鸡蛋 1 个

辅料 黄油 40 克，奶油 80 克，奶粉 1 勺，糖 2 勺，泡打粉 1 茶匙，小苏打 1 茶匙，盐 1 茶匙，可可粉 1 勺，坚果碎 1 勺

制作

1 将黄油融化后和奶油一起放入碗中，加入糖和盐打发至膨胀发白；

2 将鸡蛋打散后加入黄油碗中；

3 搅打至完全融合；

4 取一个碗，加入奶粉、泡打粉、小苏打和可可粉，充分搅拌；

5 筛入黄油糊糊中，搅拌成团；

6 将黄油团捏成小饼，撒上喜欢的坚果碎；

7 空气炸锅 180℃烤 10 分钟；

8 拉出炸篮，观察烤制状况，若不理想，可再烤 3~5 分钟；

9 盛出即可。

TIPS

粉类搅拌后一定要过筛，这样才能让曲奇内部松软。

香烤藕片

🕐 12~15
🌡 165℃

主料	鲜藕一段
辅料	白醋 1 勺

制作 ——————————————————————

1　莲藕去皮后切成片；

2　将切好的藕片放入水中，倒入一小勺白醋充分浸泡，去掉淀粉；

3　将泡好的藕片用厨房纸吸去水分；

4　空气炸锅 165℃，烤 12~15 分钟左右；

5　出锅即可。

加热时间长短与藕片的大小和厚度有关，所以要灵活调整。

红枣花生脆片

⏱ 15 分钟

🌡 160℃

主料 红枣 20 颗，花生 80 克，黑芝麻 2 勺，白芝麻 2 勺，鸡蛋 1 个

辅料 糖 3 勺，蜂蜜 1 勺

制作 ————————————————

1　将红枣洗净，去核切碎；

2　取一个碗，在碗中加入花生、红枣、黑芝麻、白芝麻、糖和蜂蜜，打入 1 个鸡蛋，用筷子搅散；

3　将食材静置 5 分钟，沉淀出气泡；

4　空气炸锅内铺好硅油纸，将食材捏成圆饼的形状，放入到炸篮中；

5　空气炸锅 160℃烤 7 分钟；

6　取出翻面，160℃再烤 8 分钟；

7　出锅即可。

TIPS

食材稀软不易成型，制作的时候最好戴上手套，以防粘手。

奶香一口酥

🕐 15 分钟

🌡 160℃

主料 低筋面粉 200 克，鸡蛋 2 个

辅料 黄油 100 克，糖粉 40 克，奶粉 40 克，白芝麻 1 茶匙

制作

1　将黄油放在室温中软化；

2　取一个碗，加入黄油和糖粉，用打蛋器打至颜色发白；

3　取出 2 个鸡蛋的蛋黄，加到黄油糊糊中；

4　将低筋面粉混合奶粉后过筛，加到黄油糊糊中；

5　将黄油糊糊揉成光滑的面团，分成小剂子，搓成拇指大小；

6　撒上白芝麻，空气炸锅 160℃烤 10 分钟；

7　取出翻面，160℃再烤 5 分钟；

8　出锅即可。

1. 黄油一定要充分软化，手指轻松能戳动即可；

2. 糖粉和黄油打发前先搅拌一下，可以防止打发的时候飞溅出来。

烤棋豆儿

🕐 20 分钟

🌡 180℃

主料	面粉 200 克，鸡蛋 2 个
辅料	糖 2 勺，熟芝麻 1 茶匙，油 1 勺
制作	

1　将鸡蛋、糖和花生油混合，搅匀；
2　添加熟芝麻，然后添加面粉，一边添加，一边用筷子把干粉搅拌成湿面絮；
3　揉成硬一点的面团，盖上保鲜膜醒 20 分钟；
4　取出面团，尽可能揉匀、揉光滑；
5　把面团擀成厚薄均匀的大面片，切成大小均匀的四方（或菱形）棋子；
6　把切好的棋子在面板上摊开，中间留空隙，晾上 20 分钟；
7　空气炸锅 180℃预热 5 分钟，把棋子平铺进烤篮内；
8　180℃烤 15 分钟即可，中间刷次油，翻拌一下；
9　取出晾凉后，即可食用。

TIPS

1. 和面团的时候，可以适量添加水，也可以只用蛋、糖和油和面，这样做出的棋豆儿更香；
2. 面团越硬越容易操作，棋子切得越小越容易熟透。

主料	蟹棒 200 克
辅料	食用油 1 勺

制作

1　将蟹棒从冰箱取出，化冻；

2　去掉外层塑料纸后，横着切成 0.5 厘米左右宽的薄片；

3　在空气炸锅内放上专用纸，喷食用油，180℃烤 15 分钟；

4　取出观察，如果火候不够可以摇匀后再烤 5 分钟；

5　出锅即可。

注意温度不要太高，温度过高蟹棒会直接烤焦。

空心麻薯

🕐 18 分钟

🌡 180℃

主料	预拌粉 150 克，牛奶半袋
辅料	鸡蛋 1 个，盐 1 茶匙，油 2 勺
制作	

1　取一个碗，将鸡蛋打散；

2　加入牛奶和油，隔水加热至 30℃；

3　将加热后的蛋奶液加入预拌粉中，加入盐，搅拌均匀；

4　将面团揉至光滑有弹性后，搓成一个个小球；

5　空气炸锅 180℃烤 10 分钟；

6　翻面，再烤 8 分钟；

7　出锅即可。

T I P S

如果烤制出来的麻薯有点塌，那么可以放回炸锅中再多烤几分钟。

海苔香脆意面

🕐 18 分钟

🌡 200℃

主料	螺旋意面 150 克，海苔 3 片
辅料	盐 1 勺，烧烤料 1 勺，油 1 勺

制作

1　起锅烧水，水开后将螺旋意面加入，煮 10 分钟，捞出沥干；

2　在煮好的意面中放入 1 勺油，搅拌均匀；

3　倒入烧烤料和盐，搅拌均匀；

4　空气炸锅 200℃烤 10 分钟，加入撕碎的海苔；

5　取出炸篮，翻面后再烤 8 分钟；

6　装盘即可。

TIPS

海苔烤后会更酥脆，但海苔容易糊，所以只烤 8 分钟即可。

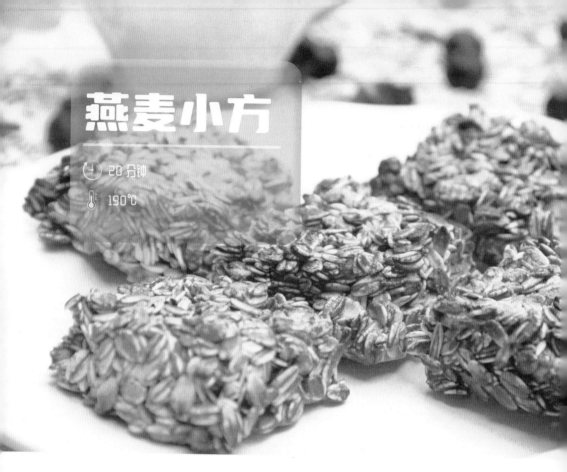

燕麦小方

🕐 20 分钟

🌡 190℃

主料　燕麦 150 克，牛奶半袋，鸡蛋 1 个

辅料　糖 1 勺，蜂蜜 1 勺

制作

1　将所有材料混合；

2　捏成小球后压成方形；

3　放入空气炸锅，190℃烤 18 分钟，取出后刷蜂蜜，继续烤 2 分钟；

4　可以拿出一个掰开看看，内部香脆即可。

TIPS

如果喜欢焦脆的口感，可以改 150℃再烤 5 分钟。

甜烤
胡萝卜片

🕐 20 分钟

🌡 160℃

主料　胡萝卜 2 根

辅料　糖 2 勺

制作 ─────────────

1　胡萝卜洗净切片；

2　放入糖，涂抹后腌制 1 小时，将腌出的水倒掉；

3　将胡萝卜片摆在空气炸锅中；

4　空气炸锅 160℃烤 15 分钟，翻拌均匀；

5　继续烤 5 分钟。

如果不想吃甜口也可以不放糖，胡萝卜会自带一点甜味。

苹果脆

🕐 30 分钟

🌡 160℃

主料	苹果 1 个
辅料	盐水 1 小盆

制作

1　苹果切片后，放盐水中泡 10 分钟；

2　均匀摆放在炸篮里；

3　空气炸锅 160℃烤 15 分钟，翻拌；

4　继续烤 10 分钟，翻拌，再烤 5 分钟；

5　两面焦黄时取出，拿出来放凉就会变脆。

T I P S

摆盘一定要注意错落开，不要粘连。

香甜芒果干

🕐 75 分钟

🌡 100℃

主料	芒果 2 个
辅料	蜂蜜 2 勺

制作

1. 将芒果去皮后切片，切成 5 毫米左右的果片；
2. 放入 2 勺蜂蜜，腌制 2 小时左右；
3. 用厨房纸擦干多余的水分，平铺在空气炸锅的炸篮中；
4. 空气炸锅 100℃烤 30 分钟；
5. 翻面，100℃再烤 30 分钟；
6. 翻面，100℃再烤 15 分钟；
7. 装盘即可。

芒果水分较多，即使烤制过后也会呈现绵软的口感，无法做成脆片。

火龙果片

🕐 80 分钟

🌡 100°C

主料　火龙果 2 个

辅料　蜂蜜 2 勺

制作

1　将火龙果洗净去皮，切成 6 毫米左右的果片；

2　用厨房纸擦干多余水分，平铺在空气炸锅的炸篮中；

3　空气炸锅 100°C烤 25 分钟；

4　翻面，100°C再烤 25 分钟；

5　翻面，100°C再烤 30 分钟；

6　装盘即可。

TIPS

火龙果水分较大，如果想要更爽脆的口感可以调至 110°C。

西柚薄片

🕐 90 分钟

🌡 100℃

主料　西柚 2 个
辅料　蜂蜜 2 勺
制作

1　将西柚洗净，切成 5 毫米左右的果片；
2　放入 2 勺蜂蜜，腌制 2 小时左右；
3　用厨房纸擦干多余水分，平铺在空气炸锅的炸篮中；
4　空气炸锅 100℃烤 30 分钟；
5　翻面，100℃再烤 30 分钟；
6　翻面，100℃再烤 30 分钟；
7　装盘即可。

如果想吃干脆的口感，可以再多烤 30 分钟，或者在阳光下晒一天。

凤梨甜片

⏱ 110 分钟

🌡 100℃

主料　凤梨 1 个

辅料　无

制作

1　将凤梨洗净去皮，切成 6 毫米左右的果片；

2　用厨房纸擦干多余水分，平铺在空气炸锅的炸篮中；

3　空气炸锅 100℃烤 40 分钟；

4　翻面，100℃再烤 40 分钟；

5　翻面，100℃再烤 30 分钟；

6　装盘即可。

T I P S

凤梨甜度较高，可搭配牛奶或茶食用。

即食柠檬片

200克

80℃

主料 柠檬 1 个

辅料 盐 1 勺

制作

1 用盐搓掉柠檬表皮的蜡，清洗干净；

2 将柠檬切成薄片，越薄越好；

3 将柠檬摆入空气炸锅的炸篮中，注意不要错落摆放，平铺最好；

4 空气炸锅 80℃烤 100 分钟，翻面；

5 80℃再烤 100 分钟；

6 取出即可。

tips

如果烤过的柠檬片仍旧不够干，可以在太阳下晒一天。

空气炸锅好物伴侣

硅油纸

硅油纸绝对是出镜率最高的辅助工具。无论是炸物还是点心，果干还是面包，都可以垫上硅油纸烤制。每次用空气炸锅之前，裁剪下来一张，铺在空气炸锅底部，再把食材放上去，防水防油防粘，特别实用。

锡箔纸

锡箔纸塑形性比较好，可以把食材包裹起来，烤地瓜、土豆之类的食物时，可以防止水分流失。

不锈钢夹子

用空气炸锅烘烤食物，中途一般都需要翻一下，筷子还是有些不方便，用夹子夹起来翻，更好用一些。同时，不锈钢材质的夹子比较好清洗，使用起来也更加卫生。

硅胶油刷

众所周知，空气炸锅的工作原理就是用食材本身的油脂来烹调食物，但是有一些食材本身油脂含量很低，比如鱼肉，如果不额外刷油，用空气炸锅做出来也不好吃。硅胶油刷可以用来给食材刷油，简单方便好清洗，硅胶的材质使用起来也比较放心。

喷油壶

喷油壶可以将油雾化后喷附在食材表面，相对于油刷来说，能更好地控制油脂摄入，是控油轻食主义者的福音。

厨房用纸

空气炸锅比较好清洗，用纸把油擦干净就可以了。这时，厨房用纸就可以派上用场了。厨房用纸比一般的纸巾要大，要厚，而且吸水吸油性更好，它不仅可以在烹饪时用来吸干食物表面多余的水分和油脂，同时又能在家居清洁中被广泛使用。